essentials

essentials liefern aktuelles Wissen in konzentrierter Form. Die Essenz dessen, worauf es als „State-of-the-Art" in der gegenwärtigen Fachdiskussion oder in der Praxis ankommt. *essentials* informieren schnell, unkompliziert und verständlich

- als Einführung in ein aktuelles Thema aus Ihrem Fachgebiet
- als Einstieg in ein für Sie noch unbekanntes Themenfeld
- als Einblick, um zum Thema mitreden zu können

Die Bücher in elektronischer und gedruckter Form bringen das Fachwissen von Springerautor*innen kompakt zur Darstellung. Sie sind besonders für die Nutzung als eBook auf Tablet-PCs, eBook-Readern und Smartphones geeignet. *essentials* sind Wissensbausteine aus den Wirtschafts-, Sozial- und Geisteswissenschaften, aus Technik und Naturwissenschaften sowie aus Medizin, Psychologie und Gesundheitsberufen. Von renommierten Autor*innen aller Springer-Verlagsmarken.

Weitere Bände in der Reihe https://link.springer.com/bookseries/13088

Joachim Schlegel

Schnellarbeitsstahl

Ein Stahlporträt

 Springer Vieweg

Joachim Schlegel
Hartmannsdorf, Sachsen, Deutschland

ISSN 2197-6708   ISSN 2197-6716   (electronic)
essentials
ISBN 978-3-658-36952-1   ISBN 978-3-658-36953-8   (eBook)
https://doi.org/10.1007/978-3-658-36953-8

Die Deutsche Nationalbibliothek verzeichnet diese Publikation in der Deutschen Nationalbiblio-
grafie; detaillierte bibliografische Daten sind im Internet über http://dnb.d-nb.de abrufbar.

Planung/Lektorat: Frieder Kumm
Springer Vieweg ist ein Imprint der eingetragenen Gesellschaft Springer Fachmedien Wiesbaden
GmbH und ist ein Teil von Springer Nature.
Die Anschrift der Gesellschaft ist: Abraham-Lincoln-Str. 46, 65189 Wiesbaden, Germany

Was Sie in diesem *essential* finden können

Schnellarbeitsstähle:

- Zur Geschichte
- Bezeichnungen, chemische Zusammensetzungen und Sorten
- Gefüge und Eigenschaften
- Herstellung – schmelzmetallurgisch und pulvermetallurgisch, Wärme- und Oberflächenbehandlungen
- Anwendungen
- Werkstoffdaten

Vorwort

Stahl ist unverzichtbar, wiederverwertbar und hat eine ganz besondere Bedeutung: In unserer modernen Industriegesellschaft ist Stahl der Basiswerkstoff für alle wichtigen Industriebereiche und auch die globalen Megathemen von heute, wie Klimawandel, Mobilität und Gesundheitswesen, sind ohne Stahl nicht lös- bzw. nicht beherrschbar. Beeindruckend ist die schon über 5000 Jahre währende Geschichte des Eisens und der Stahlerzeugung. Die Welt des Stahls ist inzwischen erstaunlich vielfältig und so komplex, dass sie in der Praxis nicht leicht zu überblicken ist (Schlegel, 2021). In Form von *essentials* zu Porträts von ausgewählten Stählen und Stahlgruppen soll dem Leser diese Welt des Stahls nähergebracht werden; kompakt, verständlich, informativ, strukturiert mit Beispielen aus der Praxis und geeignet zum Nachschlagen.

Ingenieure, Chemiker und Metallurgen entwickelten aufwendig in Versuchsreihen Stähle mit besonderen Eigenschaften für Werkzeuge, mit denen wiederum auch Stähle und andere Werkstoffe umgeformt und spanend bearbeitet werden können. Diese für Werkzeuge geeigneten Stähle müssen schon sehr hart und verschleißfest sein. Ein Beispiel hierfür sind die **Schnellarbeitsstähle**. Wissenswertes über diese Stähle fasst dieses *essential* zusammen.

Für die Motivation, Betreuung und Unterstützung danke ich Herrn Frieder Kumm M.A., Senior Editor vom Lektorat Bauwesen des Verlages Springer Vieweg. Herrn Dipl.-Ing. Torsten Heymann, Geschäftsführer der BGH Edelstahl Lugau GmbH, bin ich dankbar für seine fachliche Unterstützung bei der Erarbeitung und Sichtung des Manuskripts. Und meinem Bruder, Dr.-Ing. Christian Schlegel, danke ich für seine Hilfe beim Korrekturlesen.

Hartmannsdorf, Deutschland   Dr.-Ing. Joachim Schlegel

Inhaltsverzeichnis

Grundlagen

1

1.1 Was ist ein Schnellarbeitsstahl?

Ein Schnellarbeitsstahl ist ein hochlegierter Werkzeugstahl, der, wie der Name es schon ausdrückt, „schnell arbeitet"; also eine sehr hohe Schnittgeschwindigkeit bei der spanenden Bearbeitung von Stählen ermöglicht. Darauf beziehen sich auch die weiteren, in der Praxis üblichen Bezeichnungen: high-speed steel bzw. high-speed tool steel, Schnellstahl, Schnelldrehstahl, Schnellschnittstahl, Hochgeschwindigkeitsstahl, Hochgeschwindigkeits-Werkzeugstahl, Hochleistungs-Schnellstahl, Hochleistungs-Schnellarbeitsstahl oder Hochleistungs-Schnellschnittstahl.

1.2 Zur Geschichte

Werkzeugstähle (**WS**) werden zur Herstellung von Werkzeugen und Formen eingesetzt, mit denen Werkstücke aus unterschiedlichsten Materialien umgeformt und bearbeitet werden können. Je nach Einsatzgebiet werden Werkzeugstähle mit bestimmten Eigenschaften (Härte, Zähigkeit, Schnitthaltigkeit) ausgewählt. Der Bedarf liegt heute weltweit bei über 1 Mio. t (https://de.wikipedia.org/wiki/Werkzeugstahl).

Vor 1900 kamen unlegierte Kohlenstoffstähle für Werkzeuge zum Einsatz. Diese wurden in Abhängigkeit vom Kohlenstoffgehalt durch Vergüten (Härten und Anlassen) aufgehärtet. Beim Zerspanen von Stahl verschlissen sie sehr schnell. Auch ließen sie nur Schnittgeschwindigkeiten bis zu 5 m/min zu; und ab etwa 200 °C verloren sie ihre Härte (Trent & Wright, 2000).

© Der/die Autor(en), exklusiv lizenziert durch Springer Fachmedien Wiesbaden GmbH, ein Teil von Springer Nature 2022
J. Schlegel, *Schnellarbeitsstahl*, essentials,
https://doi.org/10.1007/978-3-658-36953-8_1

Fertigungstechnik um 1900

Es ist die Zeit großer Veränderungen in der Stahlindustrie und in der Metall-
verarbeitung. Im Hochofen wird statt Holzkohle Koks aus Steinkohle eingesetzt,
das Thomas-Gilchrist-Verfahren zum Frischen von Roheisen kommt zunehmend
zum Einsatz, erste Elektroschmelzöfen entstehen, die Stahlnormung beginnt und
Walzwerke, schon elektrisch angetrieben, ersetzen vielfach das Schmieden. Der
Stahlbedarf wächst enorm, hauptsächlich weiterverarbeitet zu Dampfmaschinen
und Dampflokomotiven, zu Schiffen, Spinn- und Webmaschinen und sonstigen
Maschinen. Und insbesondere im Werkzeugmaschinenbau erfolgt schrittweise der
Übergang zur Serienfertigung. Hierfür werden präzise Stahlformteile in hohen
Stückzahlen benötigt (Spur, 1979); dazu auch bessere Werkzeugstähle. Und Stahl
ist wesentlich härter und schwerer mechanisch durch Spanen zu bearbeiten als
vergleichsweise Holz und weichere Buntmetalle wie Kupfer und Zinn. Deshalb
genügen nun die bisher zur Verfügung stehenden, unlegierten Werkzeugstähle
nicht mehr den neuen Anforderungen sowohl aus wirtschaftlicher Sicht als auch
hinsichtlich der Qualität der bearbeiteten Werkstücke.

Eine Verbesserung gelingt dem britischen Metallurgen *Robert Mushet* (1811–
1891) mit seinem 5 %-Wolframstahl, 1861 zum Patent angemeldet (Ernst, 2009).
Dieser Stahl wird an Luft gehärtet und ermöglicht schon Schnittgeschwindigkeiten bis zu etwa 7 m/min (Trent & Wright, 2000). So wird dieser Mushetstahl
als Vorbote der späteren Schnellarbeitsstähle gewertet (Hülle, 1909). Doch auch
dieser Stahl genügt bei weitem nicht den zunehmenden Anforderungen aus
der Drehbearbeitung. Denn in den USA werden gerade in dieser Zeit Werkzeugmaschinen automatisiert, d. h. handbetriebene Drehmaschinen für Kleinteile
werden zu Revolverdrehautomaten entwickelt, an denen der Bediener nur noch
die Werkstücke wechseln muss. Der wachsende US-Binnenmarkt beschert diesen Spezialmaschinen eine breite Anwendung (Spur, 1991). Damit einhergehend
steigt nun der Bedarf an hochwertigen Schneidstoffen, also an Werkzeugstählen, die höhere Schnittgeschwindigkeiten ermöglichen und gleichzeitig höhere
Standzeiten aufweisen. In Deutschland kommen bisher spezielle Chromstähle
als Werkzeugstähle zur Stahlbearbeitung zum Einsatz. Neben dem Mushetstahl
gelten auch diese Stähle als Wegbereiter der Schnellarbeitsstähle (Hülle, 1909).

Wunderdrehstahl von Taylor und White

In dieser Zeit der Automatisierung in der Zerspanungstechnik beginnt der
amerikanische Ingenieur *Frederick Winslow Taylor* (1856–1915), die Fertigung
durch neue Organisationsprinzipien wirtschaftlicher zu gestalten (*Taylorismus:*
Prinzip einer Prozesssteuerung von Arbeitsabläufen). Er untersucht die Zerspanungstechnik und beschreibt den Zusammenhang zwischen der Standzeit

von Werkzeugen und den Parametern Schnittgeschwindigkeit, Werkzeuggeometrie, Vorschub, Schnitttiefe und Kühlschmierstoff. *Taylor* und der Metallurge *J. Maunsell White III* (1856–1912) entwickeln gemeinsam in standardisierten Versuchen mit Stählen unterschiedlicher Zusammensetzung ein besonderes Härteverfahren, bekannt als Taylor-White-Prozess (Neck & Bedeian, 1996). Den Mechanismus der dabei erzielten Härtesteigerung können sie noch nicht erklären. Dies wird erst in den 1950er Jahren mit dem Elektronenmikroskop möglich (siehe hierzu auch Abschn. 4.3: *Wärmebehandlungen*). Mit einem so gehärteten, hochlegierten Chrom-Wolfram-Stahl gelingt ein bahnbrechender Erfolg im „Schnellbetrieb" der Metallbearbeitung (Hülle, 1909). Bis knapp unter 600 °C behält der neue „Wunderdrehstahl" seine Härte und funktioniert selbst rotglühend noch gut. Schnittgeschwindigkeiten bis zu 30 m/min bei der Zerspanung von Stahl sind möglich. So kommt es auch zur Bezeichnung „High Speed Steel" – **HSS**, Schnellarbeitsstahl. Diesen neuen Werkzeugstahl stellt *Taylor* 1900 auf der Weltausstellung in Paris vor und wird weltberühmt (Trent & Wright, 2000; Ernst, 2009). Schnell verbreitet sich dessen Einsatz, wobei erst ab 1920 mit einer neuen Generation von Drehmaschinen, viel schwerer gebaut und mit verschleißfesteren Lagern und Halterungen ausgestattet, die sehr hohen Schnittgeschwindigkeiten auch voll ausgenutzt werden konnten. Der Schnellarbeitsstahl wird fortan ständig weiterentwickelt und auf die unterschiedlichen Anwendungen ausgerichtet, z. B. für Hochleistungsschneidwerkzeuge zum Drehen, Bohren, Fräsen, Senken, Räumen, Reiben oder Sägen. Und auch das in den 1930er Jahren entwickelte und ab den 1960er industriell eingesetzte Hartmetall kann den Schnellarbeitsstahl nicht vollständig verdrängen, ebenso wenig die später eingesetzten Schneidkeramiken, Bornitrid- und Diamantwerkzeuge. So findet heute der Schnellarbeitsstahl in unterschiedlichsten Zusammensetzungen vor allem als Schneidstoff mit hoher Härte und guter Schnitthaltigkeit nach wie vor eine breite Anwendung (siehe Kap. 5: *Anwendungen*).

1.3 Einordnung im Bereich der Werkzeugstähle

Die Abb. 1.1 zeigt eine Übersicht zu Gruppen von Werkzeugstählen mit Blick auf ihre Anwendungsmöglichkeiten. Neben den Kalt- und Warmarbeitsstählen werden die Schnellarbeitsstähle vorzugsweise als Schneidstoffe für die Zerspanung verwendet. In der Praxis wird manchmal die Gruppe der Schnellarbeitsstähle auch als eine spezielle Untergruppe der Warmarbeitsstähle angesehen. Auch die Gruppe der Kunststoffformenstähle kann man den Werkzeugstählen zuordnen (siehe hierzu das *essential „Werkzeugstähle"*).

Abb. 1.1 Übersicht zur Einteilung der Werkzeugstähle

1.4   Bezeichnungen

Kürzel

HSS
Das Kürzel **HSS** bezieht sich auf die englische Bezeichnung „High-Speed Steel".
Selten, vor allem bei Importen, findet sich auch diese Schreibweise: **H.S.S.**
HSS wird auf dem Markt zur Produktkennzeichnung genutzt, z. B. auf Spiralbohrern, Fräsern, Drehmeißeln und Sägeblättern, die aus Schnellarbeitsstahl hergestellt
sind. Die Abb. 1.2 zeigt hierzu zwei Beispiele.

HSS-R
Dieses Kürzel bezieht sich auf HSS-Spiralbohrer. Der Zusatz **R** steht für das Formgebungsverfahren „**R**ollwalzen", d. h. die Spiralnut des hochwertigen Spiralbohrers
aus Schnellarbeitsstahl wurde mittels Rollwalzen gefertigt.

HSS-G
Auch dieses Kürzel betrifft HSS-Spiralbohrer. Der Zusatz **G** steht für „geschliffen".
Der Spiralbohrer ist komplett präzisionsgeschliffen, also die spiralförmige Spannut,
der Außendurchmesser und die Bohrerspitze.
Üblich sind auch: **HSSG** und **HSS G**

HSS-Co bzw. **HSS-CO**
HSS-E bzw. **HSSE**
Diese Kürzel betreffen sehr hochwertige Schnellarbeitsstähle, die mit 5 oder
8 Masse-% Kobalt legiert und zur Bearbeitung hochfester Materialien geeignet

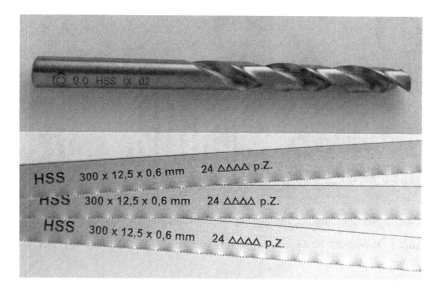

Abb. 1.2 Produktbeispiele aus Schnellarbeitsstahl mit Kennung HSS: Spiralbohrer und Sägeblätter. (Fotos: J. Schlegel)

sind. Wenn Spiralbohrer, Gewindebohrer, Fräser u. a. Werkzeuge aus derartigen kobaltlegierten Schnellarbeitsstählen bestehen, finden sich oft auch folgende Kürzel:

HSS-E Co 5 %
HSSE Kobalt 8 % bzw. **HSSE Cobalt 8 %**

Die Abb. 1.3 zeigt hierzu den Vergleich von Spiralbohrern **HSS-R,** rolliert und schwarz, **HSS-G,** geschliffen und glänzend, sowie **HSS-CO,** geschliffen und glänzend.

HSS PM
Die Buchstaben **PM** im Kürzel beziehen sich auf das pulvermetallurgische Herstellverfahren des Schnellarbeitsstahles (siehe hierzu Abschn. 4.2: *Pulvermetallurgische Erzeugung*).

HSS ESU
Dieser schmelzmetallurgisch hergestellte Schnellarbeitsstahl wurde zusätzlich durch **Elektro-Schlacke-Umschmelzen** gereinigt.

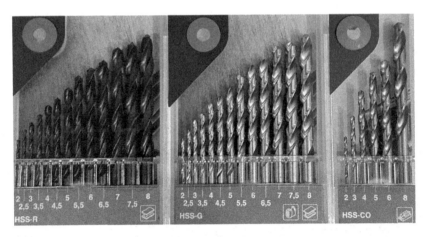

Abb. 1.3 Handelsübliche Spiralbohrer, *v.l.n.r.*: HSS-R, HSS-G und HSS-CO. (Fotos: J. Schlegel)

HSS Cryo
Der Zusatz **Cryo** verweist auf einen tieftemperaturbehandelten Schnellarbeitsstahl. Sehr aufwendig wird dieser mit flüssigem Stickstoff (-196 °C) stark abgekühlt, wodurch die Standzeit und die Schärfbarkeit z. B. bei Hobeleisen verbessert werden.

HSS TiN
Der Zusatz **TiN** bedeutet, dass das Werkzeug aus Schnellarbeitsstahl abschließend mit Titannitrid beschichtet wurde, erkennbar an der goldenen Farbe (siehe hierzu auch Abschn. 4.4: *Oberflächenbehandlungen*).
Selten finden sich auch diese Schreibweisen: **HSS-Tin** oder **HSS TIN.**

Hinweis:
HSS-Spiralbohrer sind auch mit Kürzeln beschriftet, die sich nicht auf den Werkstoff Schnellarbeitsstahl beziehen, sondern auf unterschiedliche Spiralformen hinweisen (Fritz & Schulze, 2015), wie:
HSS N bzw. **HSS Typ N**
HSS-Bohrer mit Normalspirale, Drallwinkel (auch: Spiralwinkel genannt) bei 30° bis 40° und Spitzenwinkel bei 118°. Dieser ist der „klassische" Metallbohrer.
HSS H bzw. **HSS Typ H**
HSS-Bohrer mit langgezogener Spirale, somit kleiner Drallwinkel bei 13° bis 19°, Spitzenwinkel bei 118° bis 130°, geeignet für zähe und harte Materialien, wie z. B. gehärteter Stahl.

HSS W bzw. HSS Typ W
HSS-Bohrer mit sehr enger Spirale, somit großer Drallwinkel bei 40° bis 47° und Spitzenwinkel bei 130°, geeignet für weiche Werkstoffe.

Werkstoffnummern
Diese werden durch die Europäische Stahlregistratur vergeben und bestehen aus der Werkstoffhauptgruppennummer (erste Zahl mit Punkt), den Stahlgruppennummern (zweite und dritte Zahl) sowie den Zählnummern (vierte und fünfte Zahl). Für die Werkzeugstähle unterteilt die DIN EN 10027–2 die Werkstoff-Hauptgruppe 1 nach *Stahlgruppennummern* in:

- unlegierte Werkzeugstähle: 1.15.. bis 1.18..
- legierte Werkzeugstähle: 1.20.. bis 1.28..
- *Schnellarbeitsstähle:*   *1.32.. (mit Kobalt)*
                                       1.33.. (ohne Kobalt)

Stahlkurznamen
Die Kurzbezeichnungen bzw. Kurznamen für Schnellarbeitsstähle sind in der Norm DIN EN ISO 4957 (Werkzeugstähle) festgelegt und beginnen mit **HS.** Die abgelöste Vorgängernorm DIN 17350 schrieb **S** vor.

HS steht für Schnellarbeitsstähle mit einem Kohlenstoffgehalt bis zu 2,06 Masse-%, mit einem Chromgehalt von ca. 4 Masse-% und einem hohen Legierungsanteil von in Summe bis zu 30 Masse-% an Wolfram, Molybdän, Vanadium und Kobalt.

Ausgehend von den genannten Legierungsbestandteilen der Schnellarbeitsstähle gilt für diese abweichend von den üblichen Stählen ein besonderes System für die *Kurzbezeichnungen:*

An erster Stelle stehen die genannten Buchstaben **HS,** gefolgt von den Masseanteilen der Legierungselemente in der festgeschriebenen Reihenfolge:
Wolfram – Molybdän – Vanadium – Kobalt
Die Masseanteile dieser Legierungselemente werden hierbei in ganzen, gerundeten Zahlen angegeben. Die Masseanteile für Kohlenstoff und Chrom werden nicht genannt (Wegst & Wegst, 2019).

Beispiel:
HS6-5-2-5 (entspricht der Werkstoffnummer **1.3243):**
Es ist ein kobaltlegierter Schnellarbeitsstahl mit 6 Masse-% Wolfram, 5 Masse-% Molybdän, 2 Masse-% Vanadium und 5 Masse-% Kobalt bei ca. 4 Masse-% Chrom und 0,9 Masse-% Kohlenstoff.

Manchmal erscheint am Ende der Kurzbezeichnung ein **C**, wie z. B. bei **HS6-5-2C**. Dieses **C** verweist auf einen höheren Kohlenstoffgehalt im Vergleich zum **HS6-5-2**:

HS6-5-2 (1.3339): 0,80 bis 0,88 Masse-% Kohlenstoff
HS6-5-2C (1.3342): 0,95 bis 1,05 Masse-% Kohlenstoff
HS6-5-2C (1.3343): 0,86 bis 0,94 Masse-% Kohlenstoff

Die Anteile der anderen Hauptlegierungselemente sind vergleichbar.

Weiterhin kann auch ein **S** am Ende der Kurzbezeichnung angegeben sein, wie z. B. bei **HS6-5-2-5S** (1.3245). Für diesen Fall gilt ein definierter Schwefelgehalt von 0,06 bis 0,15 Masse-% als vereinbart. Üblicherweise liegen die Schwefelgehalte der Schnellarbeitsstähle bei $\leq 0{,}030$ Masse-%.

Auch beide Buchstaben **C** und **S** können am Ende einer Kurzbezeichnung stehen. Dann sind für diesen Schnellarbeitsstahl sowohl der Kohlenstoffgehalt als auch der Schwefelgehalt erhöht im Vergleich zu anderen, nahezu ähnlichen HSS-Stählen.

Beispiel:
HS6-5-2CS (1.3340): 0,95 bis 1,05 Masse-% Kohlenstoff und 0,06 bis 0,15 Masse-% Schwefel

Markennamen

In der Praxis verwenden die Hersteller und auch Händler für ihre Schnellarbeitsstähle eigene Bezeichnungen, Markennamen und geschützte Handelsnamen, wie z. B.:

Böhler S700	entspricht HS10-4-3-10 (1.3207)
Böhler S600 ISORAPID	entspricht HS6-5-2C/ESU (1.3343 ESU, d. h. elektroschlackeumgeschmolzen)
ERASTEEL E M2	entspricht HS6-5-2C (1.3343)
ERASTEEL ASP2005®	entspricht HS3-3-4 (1.3377), pulvermetallurgisch erzeugt
THYRAPID-3343	entspricht dem Standard HS6-5-2C (1.3343)
RAPIDUR 3343	entspricht HS6-5-2C (1.3343)
RAPIDUR PM-23	entspricht HS6-5-3 (1.3344), pulvermetallurgisch erzeugt
LO-S 3343	entspricht HS6-5-2C (1.3343)
SIRAPID 3302	entspricht HS12-1-4 (1.3302)

Bezeichnungen nach internationalen Normen
HSS-Sorten im englischsprachigen Raum beginnen mit einem **T** bei wolframrei-
chen (**T** von engl. Tungsten = Wolfram) und mit einem **M** bei molybdänreichen
Sorten. Danach folgen Zählnummern für die verschiedenen Legierungen (Trent &
Wright, 2000; König & Klocke, 2008). Auch werden Stähle, wie in den USA weit
verbreitet, mit einer **UNS**-Nummer (*englische Abkürzung:* **U**nified **N**umbering
System for Metals and Alloys) klassifiziert, wie z. B. **T11323** für den HSS 1.3344
(HS6-5-3).
   Auf der Basis länderspezifischer Normen können auf dem Markt äquivalente
Schnellarbeitsstähle gefunden bzw. verglichen werden:

USA:	**ASTM A600-92a** (ursprünglich „American Society for Testing and Materials") sowie
	AISI (American Iron and Steel Institute)
Japan:	**JIS G4403** (Japan Industrial Standard)
Frankreich:	**AFNOR/NF** (Association Française de Normalisation)
Großbritannien:	**BS** (British Standards)
Italien:	**UNI** (Ente Nazionale Italiano di Unificazione)
China:	**GB** (Guobiao, chinesisch: Nationaler Standard)
Schweden:	**SIS** (Swedish Institute of Standards)
Spanien:	**UNE** (Asociación Española de Normalización)
Polen:	**PN** (von: Polnisches Komitee für Normung)
Österreich:	**ÖNORM** (nationale österreichische **Norm**)
Russland:	**GOST** (Gosudarstvenny Standart)
Tschechien:	**CSN** (Tschechische nationale technische Norm)

Zu beachten ist bei solch einem Abgleich, dass es sich um „äquivalente", also
oft nur um „gleichwertige" Schnellarbeitsstähle handelt, die im Detail der chemischen Analyse auch etwas voneinander abweichen können. Die Abb. 1.4
zeigt dies am Beispiel der HSS-Güte 1.3343 (HS6-5-2C) mit vergleichbar
zuordenbaren Güten nach ASTM/AISI (USA), JIS (Japan) und GB (China).

	Chemische Zusammensetzung in Masse-%								
	C	Si	Mn	P	S	Cr	W	Mo	V
Deutschland: DIN EN ISO 4957 1.3343 (HS6-5-2C)	0,86 - 0,94	≤ 0,45	≤ 0,40	≤ 0,030	≤ 0,030	3,80 - 4,50	5,90 - 6,70	4,70 - 5,20	1,70 - 2,10
USA: ASTM A600 / AISI M2 (regular C)	0,78 - 0,88	0,20 - 0,45	0,15 - 0,40	≤ 0,030	≤ 0,030	3,75 - 4,50	5,50 - 6,75	4,50 - 5,50	1,75 - 2,20
Japan: JIS G4403 SKH51	0,80 - 0,88	≤ 0,45	≤ 0,40	≤ 0,030	≤ 0,030	3,80 - 4,50	5,90 - 6,70	4,70 - 5,20	1,70 - 2,10
China: GB/T 9943 W6Mo5Cr4V2	0,80 - 0,90	0,20 - 0,45	0,15 - 0,40	≤ 0,030	≤ 0,030	4,80 - 4,40	5,50 -6,75	4,50 - 5,50	1,75 - 2,20

Abb. 1.4 Normenvergleich (chemische Analysen) am Beispiel des HSS 1.3343 (HS6-5-2C)

Chemische Zusammensetzungen und Sorten

2

2.1   Legierungselemente in Schnellarbeitsstählen

Die wichtigsten Legierungselemente in Schnellarbeitsstählen zeigen folgende Wirkungen (König & Klocke, 2008):

Kohlenstoff (C)
Neben Eisen besitzen alle Stähle als wichtigstes Legierungselement Kohlenstoff. Im Schnellarbeitsstahl sorgt er für die Bildung des Martensitgefüges sowie von Karbiden mit den Elementen Chrom, Wolfram, Molybdän und Vanadium. Auf deren Masseanteile wird der Masseanteil von Kohlenstoff abgestimmt.

Chrom (Cr)
Chrom ist ein Karbidbildner und verbessert die Durchhärtbarkeit (Werkzeuge mit größeren Abmessungen bzw. Querschnitten können gehärtet werden). Außerdem erhöht Chrom die Warmfestigkeit sowie die Hitze- und Korrosionsbeständigkeit.

Wolfram (W)
Wolfram bildet sehr harte Karbide und macht dadurch den Stahl widerstandsfähiger (Erhöhung der Härte und Festigkeit). Gleichzeitig verbessert Wolfram die Warmfestigkeit, die Anlassbeständigkeit sowie die Verschleißfestigkeit bei hohen Temperaturen.

Molybdän (Mo)
Molybdän ist ein starker Karbidbildner, wodurch die Schneideigenschaften bei Schnellarbeitsstählen verbessert werden. Es kann Wolfram mit gleicher Wirkung als Legierungselement ersetzen.

© Der/die Autor(en), exklusiv lizenziert durch Springer Fachmedien Wiesbaden GmbH, ein Teil von Springer Nature 2022
J. Schlegel, *Schnellarbeitsstahl*, essentials,
https://doi.org/10.1007/978-3-658-36953-8_2

11

Vanadium (V)
Auch Vanadium ist ein starker Karbidbildner. Dadurch werden der Verschleißwiderstand, die Schnitthaltigkeit und die Warmfestigkeit von Schnellarbeitsstählen erhöht. Das Legierungselement Vanadium wird bis ca. 5 Masse-% zulegiert.

Kobalt (Co)
Kobalt bildet im Stahl keine Karbide, verbessert jedoch die Anlassbeständigkeit, die Verschleiß- und Warmfestigkeit (erhöht die Temperatur, bis zu der ein HSS-Werkzeug einsetzbar ist).

Die heutigen Schnellarbeitsstähle basieren legierungstechnisch auf einem Wolframstahl, der mit 4 Masse-% Chrom legiert ist. Dieser Chromgehalt führt zu einer ausreichenden Durchhärtung. Die Kohlenstoffgehalte von mindestens 0,7 bis 0,9 Masse-% sichern durch die Bildung von sehr harten Karbiden mit Chrom, Wolfram und Molybdän die Forderung nach einer Mindesthärte von 64 HRC (Rockwellhärte). Höhere bzw. höchste Warmhärten werden durch Zulegieren von Kobalt erreicht.

2.2   Sorten

Die große Zahl der heute gebräuchlichen Legierungsarten bzw. Sorten von Schnellarbeitsstählen lässt sich auf folgende vier Grundlegierungen mit unterschiedlichen Gehalten an Wolfram und Molybdän zurückführen (Trent & Wright, 2000; König & Klocke, 2008):

1. Gruppe:	**18 Masse-% Wolfram und fast kein Molybdän**
	Beispiele: HS18-0-1 (1.3355) und HS18-1-2-5 (1.3255)
2. Gruppe:	**12 Masse-% Wolfram und bis zu 4 Masse-% Molybdän**
	Beispiele: HS12-1-4-5 (1.3202) und HS10-4-3-10 (1.3207)
3. Gruppe:	**6 Masse-% Wolfram und 5 Masse-% Molybdän**
	Beispiele: HS6-5-2 (1.3339), HS6-5-3 (1.3344) und HS6-5-2-5 (1.3243)
4. Gruppe:	**Maximal 2 Masse-% Wolfram und 9 Masse-% Molybdän**
	Beispiele: HS2-9-1 (1.3346), HS2-9-2 (1.3348) und HS2-10-1-8 (1.3247)

Alle Sorten weisen einen Chromgehalt von 4 bis 5 Masse-% auf. Die Gehalte an Vanadium schwanken zwischen 0 und 4 Masse-% und die Kobaltgehalte können bis zu 15 Masse-% betragen. Die Gehalte an Kohlenstoff werden stets an die Gehalte der karbidbildenden Legierungselemente angepasst und liegen hauptsächlich im Bereich von 0,75 bis 1,45 Masse-%. Die Gehalte an Silizium, Mangan und Phosphor betragen:

- *Silizium Si:* $\leq 0,45$ *Masse-%*
- *Mangan Mn:* $\leq 0,40$ *Masse-%*
- *Phosphor P:* $\leq 0,030$ *Masse-%*

Die Abb. 2.1 zeigt in einer Übersicht die chemischen Analysen (Richtwerte nach DIN EN ISO 4957) für heute bekannte Schnellarbeitsstähle, geordnet nach aufsteigenden Werkstoffnummern (siehe hierzu auch Kap. 6: *Werkstoffdaten*).

W.-Nr.	Kurzname	Chemische Zusammensetzung (in Masse-%) nach DIN EN ISO 4957						
		C	S	Cr	W	Mo	V	Co
HS - schmelzmetallurgisch hergestellte Schnellarbeitsstähle								
1.3202	HS12-1-4-5	1,30-1,45	≤ 0,030	3,80-4,50	11,50-12,50	0,70-1,00	3,50-4,00	4,50-5,00
1.3207	HS10-4-3-10	1,20-1,35	≤ 0,030	3,80-4,50	9,00-10,00	3,20-3,90	3,00-3,50	9,50-10,50
1.3208	HS9-4-3-11	1,35-1,45	≤ 0,030	3,70-4,40	8,40-9,10	3,40-3,80	3,20-3,60	10,50-11,50
1.3209	HS5-6-2-8	1,00-1,10	≤ 0,030	3,80-4,20	4,80-5,30	5,80-6,20	1,40-1,70	7,50-8,00
1.3241	HS2-5-1-3	0,87-0,95	≤ 0,030	3,50-4,50	1,40-2,00	4,50-5,20	1,10-1,50	2,30-2,70
1.3242	HS7-7-7-11	2,20-2,40	≤ 0,030	3,50-4,50	6,70-7,30	6,70-7,30	6,30-6,70	10,00-11,00
1.3243	HS6-5-2-5	0,87-0,95	≤ 0,030	3,80-4,50	5,90-6,70	4,70-5,20	1,70-2,10	4,50-5,00
1.3244	HS6-5-3-8	1,23-1,33	≤ 0,030	3,80-4,50	5,90-6,70	4,70-5,30	2,70-3,20	8,00-8,80
1.3245	HS6-5-2-5S	0,88-0,96	0,06-0,15	3,80-4,50	6,00-6,70	4,70-5,20	1,70-2,00	4,50-5,00
1.3246	HS7-4-2-5	1,05-1,15	≤ 0,030	3,80-4,50	6,60-7,10	3,60-4,00	1,70-1,90	4,80-5,20
1.3247	HS2-10-1-8	1,05-1,15	≤ 0,030	3,50-4,50	1,20-1,90	9,00-10,00	0,90-1,30	7,50-8,50
1.3249	HS2-9-2-8	0,85-0,92	≤ 0,030	3,50-4,20	1,50-2,00	8,00-9,20	1,80-2,20	7,75-8,75
1.3255	HS18-1-2-5	0,75-0,83	≤ 0,030	3,80-4,50	17,50-18,50	0,50-0,80	1,40-1,70	4,50-5,00
1.3257	HS18-1-2-15	0,60-0,70	≤ 0,030	3,80-4,50	17,50-18,50	0,50-1,00	1,40-1,70	15,00-16,00
1.3265	HS18-1-2-10	0,70-0,80	≤ 0,030	3,80-4,50	17,50-18,50	0,50-0,80	1,40-1,70	9,00-10,00
1.3270	HS1-5-1-8	0,70-0,75	≤ 0,030	3,80-4,50	0,80-1,10	4,70-5,30	0,80-1,19	7,70-8,30
1.3302	HS12-1-4-5	1,20-1,35	≤ 0,030	3,80-4,50	11,50-12,50	0,70-1,00	3,50-4,00	-
1.3318	HS12-1-2	0,90-1,00	≤ 0,030	3,80-4,50	11,50-12,50	0,70-1,00	2,30-2,60	-
1.3325	HS0-4-1	0,77-0,85	≤ 0,030	3,90-4,40	-	4,00-4,50	0,90-1,10	-
1.3326	HS1-4-2	0,85-0,95	≤ 0,030	3,60-4,30	0,80-1,40	4,10-4,80	1,70-2,20	-
1.3327	HS1-8-1	0,77-0,87	≤ 0,030	3,50-4,50	1,40-2,00	8,00-9,00	1,00-1,40	-
1.3333	HS3-3-2	0,95-1,03	≤ 0,030	3,80-4,50	2,70-3,00	2,50-2,90	2,20-2,50	-
1.3339	HS6-5-2	0,80-0,88	≤ 0,030	3,80-4,50	5,90-6,70	4,70-5,20	1,70-2,10	-
1.3340	HS6-5-2CS	0,95-1,05	0,06-0,15	3,80-4,50	6,00-6,70	4,70-5,20	1,70-2,00	-
1.3341	HS6-5-2S	0,86-0,94	0,06-0,15	3,80-4,50	6,00-6,70	4,70-5,20	1,70-2,00	-
1.3342	HS6-5-2C	0,95-1,05	≤ 0,030	3,80-4,50	6,00-6,70	4,70-5,20	1,70-2,00	-
1.3343	HS6-5-2C	0,86-0,94	≤ 0,030	3,80-4,50	5,90-6,70	4,70-5,20	1,70-2,10	-
1.3344	HS6-5-3	1,15-1,25	≤ 0,030	3,80-4,50	5,90-6,70	4,70-5,20	2,70-3,20	-
1.3345	HS6-5-3C	1,25-1,32	≤ 0,030	3,80-4,50	5,90-6,70	4,70-5,20	2,70-3,20	-
1.3346	HS2-9-1	0,78-0,86	≤ 0,030	3,50-4,20	1,50-2,00	8,00-9,20	1,00-1,30	-
1.3347	HS7-5-3	1,16-1,20	≤ 0,030	3,80-4,20	7,00-7,50	5,10-5,50	2,60-2,80	-
1.3348	HS2-9-2	0,95-1,05	≤ 0,030	3,50-4,50	1,50-2,10	8,20-9,20	1,70-2,20	-
1.3350	HS6-6-2	1,00-1,10	≤ 0,030	3,80-4,50	5,90-6,70	5,50-6,50	2,30-2,60	-
1.3351	HS6-5-4	1,25-1,40	≤ 0,030	3,80-4,50	5,20-6,00	4,20-5,00	3,70-4,20	-
1.3355	HS18-0-1	0,73-0,83	≤ 0,030	3,80-4,50	17,20-18,70	-	1,70-2,10	-
1.3357	S18-1-1	0,70-0,78	≤ 0,030	3,80-4,50	17,50-18,50	0,95-1,10	1,00-1,20	-
1.3392	HS1-5-2	0.89	-	4	1.2	4.5	1.9	-
PMHS - pulvermetallurgisch hergestellte Schnellarbeitsstähle								
1.3251	PMHS12-0-5-5	1,50-1,60	≤ 0,070	3,70-4,50	11,70-13,00	-	4,50-5,30	4,70-5,30
1.3253	PMHS10-2-5-8	1,55-1,65	≤ 0,030	4,50-5,50	10,00-11,00	1,80-2,20	4,80-5,20	7,60-8,40
1.3288	PMHS3-3-1-8	0,75-0,85	≤ 0,030	3,80-4,50	2,90-3,30	2,90-3,30	0,90-1,20	7,70-8,50
1.3292	PMHS7-7-7-11	2,20-2,40	≤ 0,030	3,50-4,50	6,70-7,30	6,70-7,30	6,30-6,70	10,00-11,00
1.3294	PMH6-5-3-8	1,23-1,33	≤ 0,030	3,80-4,50	5,90-6,70	4,70-5,30	2,70-3,20	8,00-8,80
1.3352	PMHS4-3-8	2,42-2,48	-	3,70-4,50	3,90-4,30	2,90-3,30	7,60-8,20	-
1.3361	PMHS6-5-4	1,25-1,40	≤ 0,030	3,80-4,50	5,20-6,00	4,20-5,00	3,70-4,20	-
1.3377	PMHS3-3-4	1,45-1,55	≤ 0,030	3,80-4,50	2,30-2,80	2,30-2,80	3,90-4,20	-
1.3394	PMHS6-5-3	1,15-1,25	≤ 0,030	3,80-4,50	5,90-6,70	4,70-5,20	2,70-3,20	-
1.3395	PMHS6-5-3C	1,25-1,32	≤ 0,030	3,80-4,50	5,90-6,70	4,70-5,20	2,70-3,20	-
1.3397	PMHS2-2-2	0,55-0,65	≤ 0,030	3,80-4,50	1,90-2,50	1,80-2,40	1,40-1,80	-

Abb. 2.1 Vergleich der chemischen Analysen von Schnellarbeitsstählen

Gefüge und Eigenschaften 3

Eine Schliffprobe und ein Auflicht-Mikroskop – und schon kann man das markante Gefüge eines Schnellarbeitsstahles erkennen mit den unzählig vielen hell erscheinenden, kleinen Karbiden. Die Abb. 3.1 zeigt solch eine Gefügeaufnahme eines Walzdrahtes aus dem Schnellarbeitsstahl 1.3343 (HS6-5-2C).

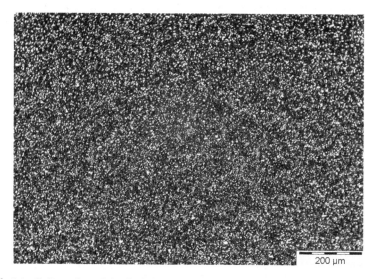

Abb. 3.1 Gefüge eines Schnellarbeitsstahles 1.3343 (HS6-5-2C), schmelzmetallurgisch erzeugt, Draht mit Durchmesser 5,50 mm, warmgewalzt, unbehandelt, Querschliff. (Schliffbild: BGH Edelstahl Freital GmbH)

Dieses Gefüge (Mikrostruktur), abhängig von den Legierungsbestandteilen und Wärmebehandlungen, bestimmt die Eigenschaften im Gebrauchszustand. Die Karbide sind im nach dem Härten martensitischen Grundgefüge, bestehend aus Eisen und Kohlenstoff, eingelagert. Das martensitische Gefüge bringt die Grundhärte des Schnellarbeitsstahls. Die Legierungselemente Chrom, Wolfram, Molybdän und Vanadium, mit denen der Kohlenstoff die Karbide bildet, sorgen für die Verschleißbeständigkeit (Schnitthaltigkeit) am Zerspanungswerkzeug. Gleichzeitig bewirken diese die Beständigkeit des Martensits bis zu 600 °C. Mittels der Wärmebehandlung (Härten und Anlassen) und auch durch Zugabe von Kobalt werden die hohe Warmhärte und Warmfestigkeit sowie die hohe Anlassbeständigkeit erreicht, also die herausragenden Eigenschaften der Schnellarbeitsstähle, um auch noch bei hohen Temperaturen einsatzbereit zu sein (Trent & Wright, 2000; König & Klocke, 2008). Nur dadurch kann die „Schnellarbeit" mit hohen Schnittgeschwindigkeiten bei optimalen Schnitttiefen in der Praxis erreicht werden. Vergleichsweise wird ein gehärteter Kohlenstoffstahl schon ab etwa 200 °C weich. Er verliert seine Härte und somit Schnitthaltigkeit. Dagegen behält ein Schnellarbeitsstahl nach einer optimalen Wärmebehandlung noch bis nahezu 600 °C seine volle Schneidkraft. Und wegen der besseren Zähigkeit (Unempfindlichkeit gegenüber Stößen und Vibrationen) übertreffen Schnellarbeitsstähle bei vielen Anwendungen die Konkurrenzwerkstoffe Hartmetall und Oxidkeramik, obwohl diese etwas bessere Schnittleistungen bringen.

Herstellung

4

Die Herstellung der Schnellarbeitsstähle und der daraus gefertigten Werkzeuge umfasst die schmelz- oder pulvermetallurgische Erzeugung, die Weiterverarbeitung zu Halbzeug und zu den Fertigprodukten, die Wärmebehandlungen und eventuell zusätzlich abschließende Oberflächenbehandlungen.

4.1 Schmelzmetallurgische Erzeugung

Schnellarbeitsstähle werden heute in Elektrostahlwerken aus sortenreinem Schrott erzeugt (Ernst, 2009). Da die Eigenschaften eines Schnellarbeitsstahls von dessen Mirkogefüge mit den eingelagerten Karbiden abhängen, kommt dem Gießprozess und den dabei ablaufenden Erstarrungsvorgängen große Bedeutung zu. Anzahl und Größe sowie Verteilung der Primärkarbide (Seigerung – Entmischungsprozesse beachten!), also der beim Erstarrungsprozess ausgeschiedenen Karbide, werden durch die Gießbedingungen festgelegt: Blockguss, kleine Blockgewichte von. ca. 1 t, höhere Konizität der Kokillen im Vergleich mit denen für andere Stahlgüten, Gießtemperatur. Ziel ist die Ausbildung von möglichst vielen, sehr kleinen und gleichmäßig im erstarrten Gefüge verteilt eingelagerten Primärkarbiden.

Nach dem Gießen erfolgt das Warmumformen (Schmieden, Walzen) der Gussblöcke zu Halbzeug Rund, Vierkant oder Flach. Um abmessungsnah die Vorformen für die Endprodukte (Werkzeuge wie Spiralbohrer, Fräser, Drehmeißel, Sägeblätter u. a.) zu erhalten, folgen weitere Kaltumformprozesse (Walzen, Ziehen). Hierbei tritt die sehr geringe Kaltumformbarkeit von Schnellarbeitsstahl zu Tage; d. h. es sind nur geringe Einzel- und Gesamtumformgrade realisierbar. Ein mehrfaches Zwischenglühen zum Entfestigen (Weichglühen) ist notwendig. Unter Praxisbedingungen können mittels eines Halbwarmziehens bei Temperaturen weit

J. Schlegel, *Schnellarbeitsstahl*, essentials,
https://doi.org/10.1007/978-3-658-36953-8_4

unterhalb der Rekristallisationstemperatur, z. B. bei 250 bis 350 °C, Einzelquerschnittsabnahmen von 30 %, maximal bis zu 40 %, ohne ein Zwischenglühen erreicht werden (Heymann, 2007).

Bei allen Wärmebehandlungen, vor allem beim Schlussvergüten der HSS-Produkte (Härten und Anlassen), ist auf die Anfälligkeit der Schnellarbeitsstähle für Randentkohlung zu achten. Randentkohlung als ungewollter Prozess tritt in oxidierender Atmosphäre (Luft) ein. Der Kohlenstoff an der Oberfläche des Schnellarbeitsstahles reagiert mit dem Sauerstoff der Umgebung (Atmosphäre des Glühofens) und bildet Oxide. Dadurch kommt es zu einer Abreicherung des Kohlenstoffs an der Oberfläche bis in unterschiedliche Tiefen (Entkohlungstiefen). Diese können metallografisch mittels Farbätz-Test an Schliffproben sichtbar gemacht werden (auch als „Farbringätzung" bekannt). Und gerade an der Oberfläche eines Schneidwerkzeuges ist der Kohlenstoffgehalt und somit die Härte bzw. Schnitthaltigkeit besonders wichtig. Deshalb werden Schnellarbeitsstähle stets unter schützenden Atmosphären (Schutzgas oder Vakuum) wärmebehandelt.

Die Weiterverarbeitung der Rohformen zum Endprodukt erfolgt z. B. durch Walzrollieren (HSS-R Spiralbohrer), Schleifen (HSS-G Spiralbohrer, HSS-Fräser u. a.), Drehen, Fräsen oder Schweißen (Bimetall-HSS für Sägebänder). Dabei lässt sich der Schnellarbeitsstahl im weichen Zustand gut zerspanen, im gehärteten Zustand nur noch schleifen.

4.2   Pulvermetallurgische Erzeugung

Im Vergleich zur schmelzmetallurgischen Herstellung bietet eine pulvermetallurgische Fertigung einige Vorteile. Es können sehr homogene, seigerungsfreie Schnellarbeitsstähle mit gleichmäßig verteilten Karbiden erzeugt werden, die dadurch eine besonders hohe Schneidkantenstabilität aufweisen. Die Abb. 4.1 zeigt dies sehr deutlich an einem Vergleich der Gefüge von pulvermetallurgisch und schmelzmetallurgisch hergestelltem Halbzeug aus Schnellarbeitsstahl.

Die pulvermetallurgische Herstellung umfasst grundsätzlich die drei Hauptschritte Herstellung der Metallpulver, Formgebung/Verdichten der Pulver und Wärmebehandlung/Sintern. Für Schnellarbeitsstahl wird das Pulver durch Verdüsen mit Gas hergestellt. Es weist eine kugelige Form auf und kann sofort in Kapseln gefüllt und heißisostatisch zu einer Vorform verdichtet und gleichzeitig gesintert werden. Dies erfolgt mittels des sogenannten „Heißisostatischen Pressens (HIP)" in einer beheizbaren Druckkammer unter Schutzgas bei Temperaturen bis nahe 2000 °C und Drücken bis 200 MPa. Die Abb. 4.2 zeigt vereinfacht diesen speziellen HIP-Prozess.

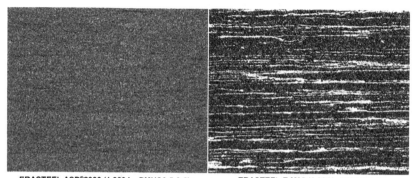

ERASTEEL ASP®2030 (1.3294 – PMHS6-5-3-8):
pulvermetallurgisch erzeugt,
Weichglühgefüge Stab Ø 118 mm
Längsschliff: ca. 100:1

ERASTEEL E M35 (1.3243 – HS6-5-2-5):
schmelzmetallurgisch erzeugt,
Weichglühgefüge Stab Ø 91 mm
Längsschliff: ca. 100:1

Abb. 4.1 Gefüge von pulvermetallurgisch und schmelzmetallurgisch hergestelltem Schnellarbeitsstahl. (Schliffbilder: ERASTEEL)

Heißisostatisches Pulververdichten (HIP)

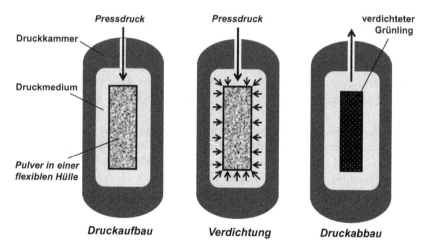

Druckkammer

Druckmedium

Pulver in einer flexiblen Hülle

Pressdruck

Pressdruck

verdichteter Grünling

Druckaufbau   *Verdichtung*   *Druckabbau*

Abb. 4.2 Prinzip des Verfahrens zum heißisostatischen Pulververdichten (HIP-Prozess)

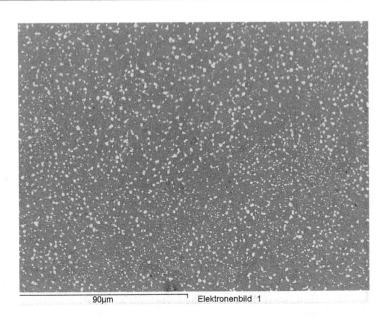

Abb. 4.3 Gefüge eines pulvermetallurgisch erzeugten Schnellarbeitsstahles PM 1.3343 (HS 6-5-2C) unmittelbar nach dem HIP-Prozess. (REM-Aufnahme: DEW Deutsche Edelstahl-werke Specialty Steel GmbH & Co. KG)

Das Gefüge des so verdichteten Schnellarbeitsstahles weist eine hohe Dichte und sehr gleichmäßig verteilte, feine Karbidkörner (hell) auf, gut erkennbar in Abb. 4.3.

Die durch den HIP-Prozess erzeugten Schnellstahlblöcke werden durch Schmieden, Warmwalzen, Ziehen und Kaltwalzen zu Halbzeug wie Rund- und Flachstäbe, Rund- oder Profildrähte, Bleche und Bänder umgeformt. Zur Weiterbearbeitung bis zu den gewünschten Endprodukten, z. B. den Hochleistungs-schneidwerkzeugen, kommen Zerspanungsverfahren, thermische Behandlungen (Vergüten) sowie Oberflächenbehandlungen (Beschichtungen) zur Anwendung.

4.3   Wärmebehandlungen

Während des Fertigungsprozesses und nach Fertigstellung der Produkte (Werkzeuge) erfolgen Wärmebehandlungen. Diese umfassen als Zwischenwärmebehandlung das *Weichglühen* und als Schlusswärmebehandlung das *Vergüten*

(Härten und Anlassen). Maßgebend sind dabei die Einflussfaktoren Erwärmung (Erwärmungs- und Haltezeit), Temperatur, Atmosphäre (Luft, Vakuum, Schutzgas) und Abkühlung (Abkühlgeschwindigkeit). Diese bewirken in unterschiedlichen Kombinationen und Abfolgen eine Veränderung im Stahlgefüge (Wechsel der Gefügephasen, Änderung ihrer Mengenanteile, ihrer Anordnung, Form- und Zusammensetzung), wodurch die gewünschten Eigenschaften eingestellt werden. Oft ist auch ein *Spannungsarmglühen* notwendig.

Weichglühen
Wie es die Bezeichnung ausdrückt, soll durch dieses Glühverfahren ein weiches, nach einer Kaltverfestigung wieder gut umformbares Gefüge erreicht werden. Dabei erfolgt die Entfestigung, also die Erniedrigung der Härte durch ein Ausheilen von Defekten, wie Versetzungen. Auch Spannungen im Stahl werden abgebaut. Es kommt zu einer Rekristallisation mit Neubildung und Wachstum von Kristallen. Die Erwärmung erfolgt auf Temperaturen bis dicht unterhalb der für den jeweiligen Schnellarbeitsstahl gegebenen Umwandlungstemperatur (Ferrit-Austenit-Umwandlung), mitunter auch darüber. Lange Haltezeiten und eine sehr langsame Abkühlung im Ofen bis etwa 600 °C, danach an Luft, gewährleisten die Ausbildung eines für die nachfolgende Umformung geeigneten Gefügezustandes. Die Abb. 4.4 zeigt hierzu als Beispiel ein Weichglühgefüge vom Schnellarbeitsstahl 1.3343. Im ferritischen Grundgefüge sind viele kleine, helle Primärkarbide erkennbar.

Die nach dem Weichglühen vorliegende Härte der Schnellarbeitsstähle liegt im Bereich von 240 bis 300 HB, auch „Glühhärte" genannt (siehe hierzu Kap. 6: *Werkstoffdaten*).

Beispiele:
1.3202 (HS12-1-4-5): Weichglühtemperatur 780–860 °C, Glühhärte 260–280 HB
1.3243 (HS6-5-2-5): Weichglühtemperatur 790–820 °C, Glühhärte 240–300 HB
1.3343 (HS6-5-2C): Weichglühtemperatur 790–820 °C, Glühhärte max. 269 HB

Vergüten (Härten und Anlassen)
Solch eine Schlusswärmebehandlung sichert neben der hohen Härte gleichzeitig die notwendige Zähigkeit, somit insgesamt die Verschleißbeständigkeit. Die hohe Härte eines Schnellarbeitsstahls resultiert aus seinem martensitischen Grundgefüge, das beim *Härten* entsteht. Dazu wird meist eine mehrstufige Erwärmung auf eine Glühtemperatur vorgenommen, die je nach Legierungszusammensetzung der Schnellarbeitsstähle im Bereich von 1000 bis 1230 °C liegt. Nach einer definierten Haltezeit ist bei dieser Temperatur die „Austenitisierung",

Abb. 4.4 Gefüge eines weichgeglühten Schnellarbeitsstahls 1.3343 (HS6-5-2C) im Querschliff. (Schliffbild: BGH Edelstahl Lugau GmbH)

also die Umwandlung vom ferritischen, kubisch-raumzentrierten Ausgangsgefüge in ein austenitisches, kubisch-flächenzentriertes Gefüge erfolgt. Deshalb wird diese Umwandlungstemperatur in der Praxis auch „Austenitisierungstemperatur" genannt. Der austenitische Gefügezustand wird nun abgeschreckt, um das martensitische Grundgefüge zu erzeugen. Dabei kommt es zu einem diffusionslosen Umklappvorgang aus dem kubisch-flächenzentrierten Gitter des Austenits in ein hdP-Gitter (**h**exagonal **d**ichteste **P**ackung). Wegen der raschen Abkühlung bleibt der im Austenit gelöste Kohlenstoff im Mischkristall „zwangsgelöst", wodurch Verzerrungen des Gitters und somit Härten im Bereich von ca. 60 bis 63 HRC entstehen. Die im Schnellarbeitsstahl enthaltenen Legierungsbestandteile begünstigen die Beständigkeit dieses Abschreckgefüges Martensit bis zu etwa 600 °C, so dass bis dahin auch die Verschleißbeständigkeit im Einsatz gegeben ist.

Das nachfolgende, meist mehrmalige *Anlassen* verringert die Sprödigkeit. Interessant ist nun bei den hochlegierten Schnellarbeitsstählen, dass bei höheren Anlasstemperaturen im Bereich 500 bis 600 °C trotz etwas zunehmender

Zähigkeit auch die Warmhärte zunimmt. Aus dem Martensit scheiden sich winzige Karbidkörner (Wolfram-, Molybdän-, Vanadium-Kohlenstoff-Verbindungen mit Durchmessern von ca. 0,05 μm) aus, die für die Warmfestigkeit verantwortlich sind (Trent & Wright, 2000). Neben den schon vom Herstellprozess beim Gießen im Gefüge ausgebildeten Primärkarbiden liegen jetzt im Endgefüge diese winzigen Karbide vor, die sogenannten „Sekundärkarbide". Deshalb spricht man in der Praxis auch vom „Sekundärhärten" bei hohen Anlasstemperaturen. Und die so erzielten Härten, üblicherweise bei 62 bis 68 HRC, nennt man auch die „Anlasshärten".

Beispiele

1.3202 (HS12-1-4-5):   *Härten 1100–1260 °C, Anlassen 540–580 °C,*
                         Härte 64–67 HRC
1.3243 (HS6-5-2-5):   *Härten 1200–1240 °C, Anlassen 550–570 °C,*
                         Härte 64–65 HRC
1.3343 (HS6-5-2C):   *Härten 1200–1220 °C, Anlassen 550–570 °C,*
                         Härte 64–66 HRC

Das Anlassschaubild in Abb. 4.5 zeigt am Beispiel des Schnellarbeitsstahls 1.3243 (HS6-5-2-5), gehärtet bei 1200 bis 1220 °C, abgeschreckt und dreimal angelassen, einen typischen Härteverlauf für Schnellarbeitsstähle.

Das nach dem Vergüten vorliegende feinkörnige, martensitische Gefüge zeigt die Abb. 4.6 am Beispiel des Schnellarbeitsstahls 1.3343 (HS6-5-2C) im Querschliff. Gut sichtbar sind einige Primärkarbide (kleiner als 20 μm). Die sehr vielen winzigen, beim Anlassen in der Nähe der Martensitkorngrenzen ausgeschiedenen Sekundärkarbide sind schon etwas schwieriger auszumachen.

Abb. 4.5 Beispiel für ein typisches Anlassschaubild eines Schnellarbeitsstahls

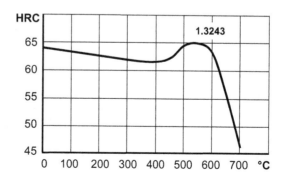

Abb. 4.6 Gefüge eines vergüteten Schnellarbeitsstahls 1.3343 (HS6-5-2C) im Querschliff. (Schliffbild: BGH Edelstahl Lugau GmbH)

Für jeden Schnellarbeitsstahl sind in der Regel aus dem zugehörigen Anlass-schaubild die für den jeweiligen Anwendungsfall maximal sinnvolle Härte mit der entsprechenden Anlasstemperatur entnehmbar (siehe auch Kap. 6: *Werkstoff-daten*).

Spannungsarmglühen
Eine mechanische Bearbeitung (im weichen Zustand vor dem Härten oder Hart-bearbeitung im vergüteten Zustand), eine eventuell ungleichmäßige Abkühlung nach dem Vergüten oder ein Richtvorgang verursachen innere Spannungen im Halbzeug, im fertigen Werkzeug oder Bauteil aus Schnellarbeitsstahl. Ohne ein Spannungsarmglühen würden sich diese Spannungen spätestens bei der Anwen-dung lösen und zu geometrischen Abweichungen (Verzug) bzw. unter Umständen auch zu Rissen führen. In der Praxis wird deshalb nach einer mechanischen Bearbeitung, also vor dem Vergüten, unter Umständen ein Spannungsarmglü-hen vorgenommen. Da der Effekt des Abbaus innerer Spannungen auch beim

nach dem Härten notwendigen mehrmaligen Anlassen eintritt, ist meistens ein zusätzliches Spannungsarmglühen nach dem Anlassen nicht bzw. nur selten notwendig.

Die Erwärmung beim Spannungsarmglühen erfolgt auf Temperaturen, die ca. 30 bis 50 °C unter der Anlasstemperatur liegen. Nach einer Haltezeit, die sich an der Baugröße des zu behandelnden Teils orientiert, erfolgt ein sehr langsames Abkühlen im Ofen.

4.4   Oberflächenbehandlungen

Zur Verbesserung der Verschleißbeständigkeit und, um auch die Schnittgeschwindigkeit noch etwas weiter zu erhöhen, können Werkzeuge aus Schnellarbeitsstahl eine Oberflächenbehandlung (z. B. Nitrieren, Schleifen) oder eine Hartstoffbeschichtung erhalten. Dabei ist zu beachten, dass das Mirkogefüge nicht beeinflusst wird, also kein Härteverlust am Werkzeug eintritt. Die notwendigen Temperaturen müssen unterhalb der vorher realisierten Anlasstemperatur liegen.

Als Oberflächenbehandlungsverfahren kommen in Betracht (König & Klocke, 2008):

- *Nitrieren: Erhöhung des Stickstoffgehaltes an der Oberfläche*
- *Dampfanlassen: Ausbildung einer dünnen Eisenoxidschicht an der Oberfläche*
- *Verchromen: Beschichtung mit Chrom von ca. 50 bis 70 μm Dicke*
- *PVD-Beschichten: Physikalische Abscheidung von Titannitrid oder Titanaluminiumnitrid aus der Gasphase (physical vapour deposition)*

In der Praxis hat sich insbesondere das **PVD-Beschichten** als Standardverfahren bewährt, da Beschichtungstemperaturen unterhalb von 500 °C genügen. Im Hochvakuum wird z. B. Titan in den dampfförmigen Zustand überführt. Mit dem Reaktionsgas Stickstoff entsteht auf der Werkzeugoberfläche eine wenige Mikrometer dünne, festhaftende und sehr harte Titannitrid-Schicht (TiN). Diese Standardbeschichtung für Hochleistungsschneidwerkzeuge wie Spiralbohrer ist optisch durch eine goldene Farbe schnell auszumachen, siehe Abb. 4.7.

Abb. 4.7
Hochleistungsspiralbohrer
aus Schnellarbeitsstahl,
linker goldener Bohrer
TiN-beschichtet. (Foto: J.
Schlegel)

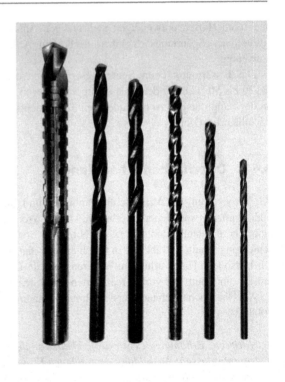

Anwendungen

5

Die hohe Warm- und Verschleißfestigkeit bei hoher Anlassbeständigkeit, mittels spezieller Wärmebehandlung angepasst an den konkreten Einsatzzweck, und eine ausreichende Korrosionsbeständigkeit gegenüber Wasser und alkalischen Medien sichern den Schnellarbeitsstählen ein sehr breites Anwendungsgebiet als Werkzeug zum Spanen und Umformen. Die Abb. 5.1 zeigt für einen ersten Eindruck ein Mosaik einiger Werkzeuganwendungen aus Schnellarbeitsstählen.

Betrachtet man dazu die vielen, zu bearbeitenden Werkstoffe, wird schnell klar, dass eine Strukturierung der Anwendungen von Schnellarbeitsstählen den Überblick erleichtern kann.

Zerspanungswerkzeuge
Der Schnellarbeitsstahl hat heute in der Zerspanungstechnik den klassischen Kaltarbeitsstahl nahezu vollständig verdrängt (Fritz, 2015). Nur bei Werkzeugen, die geringe Schnittgeschwindigkeiten erreichen (Feilen, Raspeln) und bei Werkzeugen für die Holzbearbeitung kommt Kaltarbeitsstahl zum Einsatz.

J. Schlegel, *Schnellarbeitsstahl*, essentials, https://doi.org/10.1007/978-3-658-36953-8_5

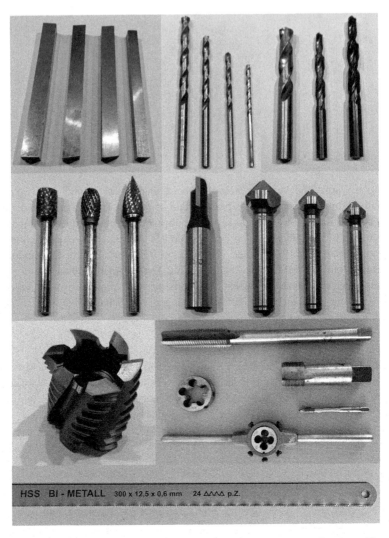

Abb. 5.1 Beispiele für Werkzeuge aus Schnellarbeitsstählen, *v.l.n.r. und v.o.n.u.:* Vormaterial Vierkant für Drehmeißel, Spiralbohrer, Stufenbohrer, Frässtifte, Formfräser, Senker, Stirnwalzenfräser, Gewindeschneidwerkzeuge, Bi-Metallsägeblatt. (Fotos: J. Schlegel)

Schnellarbeitsstahl ist besonders gut geeignet für Werkzeuge, wenn bei der Zerspanung mit hohen Schnittgeschwindigkeiten hohe Temperaturen entstehen. Das Werkzeug bleibt bis ca. 600 °C verschleißfest, stabil, elastisch und widersteht auch stoßartigen Belastungen. Im Vergleich zu anderen Schneidstoffen, insbesondere Hartmetall, lassen sich Werkzeuge aus Schnellarbeitsstahl besser schleifen (kompliziertere Werkzeugformen möglich), sind weniger bruchempfindlich und kostengünstiger. Für viele HSS-Werkzeuge zur Bearbeitung von Metallen, harten Steinen u. a. Werkstoffen trifft deshalb auch die Bezeichnung „Hochleistungsschneidwerkzeuge" zu:

- *Drehmeißel, Formstähle, Einstechstähle, Schrupp-, Hobel- und Stoßmesser, Drechseleisen, Feilenhauermeißel*
- *Fräser, Bohrer, Gewindeschneider, Gewindebohrer, Senker, Reibahlen, Räumnadeln*
- *Verzahnungswerkzeuge*
- *Werkzeuge zum Trennen (Kreissägeblätter, Bimetall-Sägeblätter und -bänder)*

Werkzeuge zum Umformen

In der Praxis findet man je nach den Arbeitstemperaturen für Formgebungswerkzeuge auch die Bezeichnungen „Werkzeuge für die Kaltarbeit" und „Werkzeuge für die Warmarbeit". Aus Schnellarbeitsstahl sind hierzu beispielsweise gefertigt:

- *Matrizen, Extrusionswerkzeuge, Kaltfließpressstempel, Tiefziehwerkzeuge, Walzen, Rollen*
- *Schmiedewerkzeuge (z. B. Hämmer)*
- *Werkzeuge zur Pulververdichtung (z. B. Pulverpressstempel)*

Sonstige Werkzeuge bzw. Bauteile

Auch für folgende weitere Anwendungen ist Schnellarbeitsstahl von Bedeutung:

- *Werkzeuge für Kunststoffspritzguss, Formwerkzeuge (z. B. Erodierblöcke)*
- *Werkzeuge zum Stanzen, Schneidstempel, Messer, Profilmesser, Schneidräder, Schermaschinenstempel*
- *schlagfeste Werkzeuge, Brecheisen*
- *Lager, Maschinenkomponenten*
- *Drehteile für Komponenten und Bauteile in hochmodernen PKW-Kraftstoffeinspritzsystemen*

W.-Nr.	Kurzname	Anwendungen
		HS - schmelzmetallurgisch hergestellte Schnellarbeitsstähle
1.3202	HS12-1-4-5	Schlicht- und Schruppwerkzeuge mit größtem Verschleißwiderstand für harte Werkstoffe
1.3207	HS10-4-3-10	Drehstähle, Schrupp- und Schlichtwerkzeuge insbesondere für Automatenbearbeitung
1.3208	HS9-4-3-11	Hochleistungsschneidwerkzeuge, Drehstähle, Fräser, Reibahlen, Werkzeuge für Kaltarbeit
1.3209	HS5-6-2-8	Hochleistungsschneidwerkzeuge
1.3241	HS2-5-1-3	Schneidstempel, Kaltfließpressstempel, Matrizen, Erodierblöcke
1.3242	HS7-7-7-11	Hochleistungsschneidwerkzeuge
1.3243	HS6-5-2-5	höchstbeanpruchte Spiralbohrer, Hochleistungsfräser, Drehstähle, Profilmesser, Räumnadeln
1.3244	HS6-5-3-8	Zerspanungswerkzeuge, Bohrer, Fräser, Räumnadeln, Messer, Matrizen, Walzen, Schneidräder
1.3245	HS6-5-2-5S	Fräser für Stahl, Gusseisen u. a., Gewinde- und Spiralbohrer, Sägen für Stahl
1.3246	HS7-4-2-5	Spiralbohrer, Fräser, Reibahlen, Senker, Gewindebohrer für hochfeste Werkstoffe
1.3247	HS2-10-1-8	Gesenk- und Gravierfräser, Drehlinge für Automatenbearbeitung, Fließpress- und Schnittstempel
1.3249	HS2-9-2-8	Hochleistungsfräser, hochbeanspruchte Spiralbohrer, Schrupp- und Kaltumformwerkzeuge
1.3255	HS18-1-2-5	Bohrer, Fräser, Gewindeschneidwerkzeuge, Rändelwerkzeuge, Drehmeißel, Kaltpresswerkzeuge
1.3257	HS18-1-2-15	Drehstähle, Hobel- und Stoßmesser bester Leistung auch für schwerste Arbeiten
1.3265	HS18-1-2-10	Dreh- und Hobelmesser, Fräser bester Warmhärte für Stähle, Stahlguss, Grauguss, NE-Metalle
1.3270	HS1-5-1-8	Zerspanungswerkzeuge, Bimetallsägeblätter
1.3302	HS12-1-4-5	Spezialwerkzeuge mit höchstem Verschleißwiderstand, Dreh- und Einstechstähle, Fräser, Reibahlen
1.3318	HS12-1-2	Schrupp-, Hobel- und Stoßmesser, Drehstähle, Fräser, Maschinenreibahlen, Brecheisen, Hämmer
1.3325	HS0-4-1	Spiralbohrer für Heimwerker, Schneid- und Extrusionswerkzeuge, Ringe, Rollen, Stempelkerne
1.3326	HS1-4-2	Schneidwerkzeuge, Messer, Bohrer u. a.
1.3327	HS1-8-1	Schneidwerkzeuge, Messer, Bohrer u. a.
1.3333	HS3-3-2	Metallsägen, Spiralbohrer, Fräser, Reibahlen, Hobelmesser und ähnliche Werkzeuge
1.3339	HS6-5-2	Fräser, Spiral- und Gewindebohrer, Räumwerkzeuge, Kaltarbeitswerkzeuge
1.3340	HS6-5-2CS	Hochleistungsfräser, Spiralbohrer, Schneid- und Stoßwerkzeuge, Brecheisen, Meißel, Hämmer
1.3341	HS6-5-2S	Fräser, Sägen und Sägensegmente für Stahl, Gusseisen und NE-Metalle, Messer
1.3342	HS6-5-2C	Fräser, Spiralbohrer, Schneid- und Stoßwerkzeuge hoher Härte und Verschleißfestigkeit
1.3343	HS6-5-2C	Reibahlen, Spiralbohrer, Fräser, Gewindebohrer, Räumnadeln, Zahnradstoßmesser, Kreissägen
1.3344	HS6-5-3	Hochleistungsfräser, Senker, Reibahlen, Gewindebohrer, Profilwerkzeuge bester Schnitthaltigkeit
1.3345	HS6-5-3C	Kaltumformwerkzeuge, Pulverpressen, Sonderschneidwerkzeuge, Walzen, Verschleißteile u. a.
1.3346	HS2-9-1	Spiralbohrer, Gewindeschneider, Reibahlen, Stoßmesser, Abstechstähle, Fräser, Stempel, Walzen
1.3347	HS7-5-3	Hochleistungsschneidwerkzeuge
1.3348	HS2-9-2	Fräser, Spiralbohrer, Gewindebohrer, Reibahlen, Zähne und Segmente für Kreissägen, Schneidräder
1.3350	HS6-6-2	komplexe Hochpräzisionsschneidwerkzeuge, Schaber, Rollenschneider, Messer, Bohrer
1.3351	HS6-5-4	Kaltumform-, Präge-, Pulverpresswerkzeuge, Sägeblätter, Sonderschneidwerkzeuge, Fräser, Walzen
1.3355	HS18-0-1	Spiralbohrer, Gewindeschneidwerkzeuge, Fräser, Feilenhauermeißel u. ähnliche zähe Werkzeuge
1.3357	S18-1-1	schlagfeste Zerspanungswerkzeuge, Klingen, Lager, Fräswerkzeuge, Stanzen, Schneiden
1.3392	HS1-5-2	Spiralbohrer, Räumnadeln, Stirnfräser, Gewindebohrer, Werkzeuge für Kaltarbeit
		PMHS - pulvermetallurgisch hergestellte Schnellarbeitsstähle
1.3251	PMHS12-0-5-5	Formschneider, Schaftfräser, Schermesser
1.3253	PMHS10-2-5-8	Formschneider, Schaftfräser, Feinstanzwerkzeuge
1.3288	PMHS3-3-1-8	Kaltarbeitswerkzeuge, Bimetallsägen, Rollen, Fräser, Maschinenkomponenten
1.3292	PMHS7-7-7-11	Bohrer, Verzahnungswerkzeuge, Kaltarbeitswerkzeuge, Fräser, Lager
1.3294	PMHS6-5-3-8	Reibahlen, Gewindeschneider, Bohrer, Stanzwerkzeuge, Hochleistungsfräser
1.3352	PMHS4-3-8	Kaltarbeitswerkzeuge, Stempel, Bimetallsägen, Walzen, Holzbearbeitungswerkzeuge u. a.
1.3361	PMHS6-5-4	Industriemesser, Stempel, Matrizen zum Schneiden, Bohrer, Fräser, Räumnadeln
1.3377	PMHS3-3-4	Kaltarbeitswerkzeuge, Stempel, Stanzwerkzeuge, Walzen, Schmiedewerkzeuge u. a.
1.3394	PMHS6-5-3	Stempel, Matrizen, Werkzeuge für Kalt- und Halbwarmumformung, Zerspanungswerkzeuge
1.3395	PMHS6-5-3C	Hochleistungszerspanungswerkzeuge, Stempel, Matrizen, Kaltumformwerkzeuge u. a.
1.3397	PMHS2-2	Werkzeuge für Kalt- und Warmarbeit, Pulververdichtung, Kunststoffspritzguss, Walzen u. a.

Abb. 5.2 Schnellarbeitsstähle und zugehörige Anwendungen

Der Abb. 5.2 sind in einer Übersicht auf Basis der chemischen Zusammensetzungen der verschiedenen Schnellarbeitsstähle (vergleiche Abb. 2.1) deren bevorzugte Anwendungen zu entnehmen.

Werkstoffdaten

Am Beispiel schmelzmetallurgisch hergestellter Schnellarbeitsstähle sind nachfolgend die relevanten Werkstoffdaten je Stahlgüte zusammengefasst, wie:

- *äquivalente Normen und Bezeichnungen*
- *chemische Zusammensetzungen (Richtanalysen nach DIN EN ISO 4957)*
- *physikalische Eigenschaften*
- *Hinweise zu thermischen Behandlungen, Härteverlauf beim Anlassen*
- *Anwendungen*

Für diese Auswahl wurden die in der Praxis häufigsten und gängigsten HSS-Güten herangezogen, die den erwähnten vier Gruppen zuordenbar sind (siehe Abschn. 2.2: *Sorten*). Als Quellen dienten bekannte Daten zu den Werkstoffen, die in aktuell gültigen Normen und Werkstoffdatenblättern der Stahlhersteller sowie der Stahlhändler, im Stahlschlüssel (Wegst & Wegst, 2019), bei wikipedia, wikibooks, in weiteren Lexika, z. B. Metallenzyklopädie, Online Website Weltstahlsorten, und in Fachartikeln, z. B. (Kuchling, 2011), (Weißgerber, 1991) und (Bierwerth, 2005), zu finden sind.

Hinweis:
Die Stahlhersteller weisen in ihren Werkstoffdatenblättern oft nur einen Wert oder engere Toleranzen für die Gehalte an Legierungselementen aus, als es die Richtwerte der Norm DIN EN ISO 4957 zulassen. Auf diese Herstellerangaben kann im Rahmen dieses *essential* nicht eingegangen werden, ebenso nicht auf herstellerspezifische Angaben zu weiteren Eigenschaften des jeweiligen Schnellarbeitsstahls, auf Empfehlungen zur Warmumformung und zum Schweißen sowie auf Vorschläge zu Schnittparametern beim Zerspanen.

© Der/die Autor(en), exklusiv lizenziert durch Springer Fachmedien Wiesbaden GmbH, ein Teil von Springer Nature 2022
J. Schlegel, *Schnellarbeitsstahl*, essentials,
https://doi.org/10.1007/978-3-658-36953-8_6

Werkstoffdaten 1.3202 (HS12-1-4-5)

Hochleistungsschnellarbeitsstahl mit hohem Vanadium-Gehalt, deshalb beste Schnitthaltigkeit und hohe Verschleißfestigkeit, Kobalt-Gehalt verleiht hohe Warmhärte und Anlassbeständigkeit.

Äquivalente Normen und Bezeichnungen:

Deutschland:	DIN EN ISO 4957	HS12-1-4-5 (1.3202)	UNS:		T12015
USA:	AISI / ASTM	T15	China:	GB	W12Cr4V5Co5
Japan:	JIS	SKH10	Schweden:	SS	
Frankreich:	AFNOR / NF	Z160WKVC12-05-05-04	Polen:	PN	SK5V
England:	BS	BT15	Spanien:	UNE	F-5563
Italien:	UNI	HS12-1-4-5 (1.3202)	Russland:	GOST	R12MF4K5
Österreich:	ÖNORM		Tschechien:	CSN	

Richtanalyse nach DIN EN ISO 4957 (in Masse-%):

	C	Si	Mn	P	S	Cr	W	Mo	V	Co
min.	1,30	-	-	-	-	3,80	11,50	0,70	3,50	4,50
max.	1,45	0,45	0,40	0,030	0,030	4,50	12,50	1,00	4,00	5,00

Physikalische Eigenschaften bei 20 °C

Dichte ρ	Spezif. Wärmekapazität c	Wärmeleitfähigkeit λ	Elektr. Widerstand R	Elastizitätsmodul E
8,20 g/cm^3	420 J/kg·K	24 W/m·K		245 kN/mm^2

Thermische Behandlung:

		Abkühlung:
Warmformgebung	900 bis 1100 °C	
Weichglühen	780 bis 860 °C	langsam im Ofen bis ca. 650 °C, Glühhärte 260 bis 280 HB
Vorwärmen 1. Stufe	450 bis 600 °C	
Vorwärmen 2. Stufe	bis 850 °C	
Vorwärmen 3. Stufe	bis 1050 °C	
Härten	1100 bis 1260 °C	in Öl, Luft, Warmbad ca. 550 °C
Anlassen	540 bis 580 °C	mind. 3 mal
Spannungsarmglühen	630 bis 650 °C	im Ofen

Härte nach üblicher Anlassbehandlung:

64 bis 67 HRC

Hinweis:
Beim Vakuumhärten wird eine Senkung der Härtetemperaturen um 10 bis 30 °C empfohlen.

Anlasstemperatur	Härte HRC		
	Austenitisierungstemperatur		
	1100 °C	1180 °C	1260 °C
520 °C	64,5	66,5	67,0
540 °C	63,0	65,5	67,0
560 °C	61,0	65,0	66,5
580 °C	60,0	63,5	65,0
600 °C	58,0	61,5	64,5

Anwendungen:

Schlicht- und Schruppwerkzeuge mit größtem Verschleißwiderstand insbesondere für harte Werkstoffe, Spiral- und Gewindebohrer, Profilmesser, Hochleistungsfräser, Drehlinge für Automatenarbeiten

Werkstoffdaten 1.3207 (HS10-4-3-10)

Kobalt-legierter Hochleistungsschnellarbeitsstahl mit sehr hoher Härte, hoher Warmfestigkeit und Druckfestigkeit, hoher Zähigkeit, besitzt gute Schneideigenschaften und einen hohen Verschleißwiderstand

Äquivalente Normen und Bezeichnungen:

Deutschland:	DIN EN ISO 4957	HS10-4-3-10 (1.3207)	UNS:		T11344
USA:	AISI / ASTM	M44	China:	GB	W10M04Cr4V3Co10
Japan:	JIS	SKH57	Schweden:	SS	HS10-4-3-10
Frankreich:	AFNOR / NF	Z130WKDCV10-10-04-04-03	Polen:	PN	SK10V
England:	BS	BT42	Spanien:	UNE	F.5553
Italien:	UNI		Russland:	GOST	R10M4K10F3
Österreich:	ÖNORM		Tschechien:	CSN	

Richtanalyse nach DIN EN ISO 4957 (in Masse-%):

	C	Si	Mn	P	S	Cr	W	Mo	V	Co
min.	1,20	-	-	-	-	3,80	9,00	3,20	3,00	9,50
max.	1,35	0,45	0,40	0,030	0,030	4,50	10,00	3,90	3,50	10,50

Physikalische Eigenschaften bei 20 °C

Dichte ρ	Spezif. Wärmekapazität c	Wärmeleitfähigkeit λ	Elektr. Widerstand R	Elastizitätsmodul E
8,30 g/cm³	460 J/kg·K	19,0 W/m·K	0,80 Ω·mm²/m	217 kN/mm²

Thermische Behandlung:

		Abkühlung:
Warmformgebung	900 bis 1100 °C	
Weichglühen	800 bis 830 °C	langsam im Ofen bis ca. 600 °C, Glühhärte max. 302 HB
Vorwärmen 1. Stufe	450 bis 600 °C	
Vorwärmen 2. Stufe	bis 850 °C	
Vorwärmen 3. Stufe	bis 1050 °C	
Härten	1220 bis 1240 °C	in Öl, Luft, Warmbad ca. 550 °C
Anlassen	550 bis 570 °C	mind. 3 mal
Spannungsarmglühen	ca. 650 °C	im Ofen

Härte nach üblicher Anlassbehandlung:

64 bis 67 HRC

Anlasstemperatur	Härte HRC
400 °C	62,0
450 °C	64,0
500 °C	66,0
550 °C	67,0
600 °C	65,5
650 °C	62,0
700 °C	54,5

Anwendungen:
Drehstähle, Schrupp- und Schlichtwerkzeuge insbesondere für Automatenbearbeitung, Profilwerkzeuge, Fräser aller Art, Werkzeuge für die Kaltarbeit

Werkstoffdaten 1.3208 (HS9-4-3-11)

Wolfram-Kobalt-legierter Hochleistungsschnellarbeitsstahl mit sehr hoher Warmhärte und Verschleißfestigkeit zur Bearbeitung sehr harter Werkstoffe (vgl. **WKE45** erasteel HS9-4-4-11)

Äquivalente Normen und Bezeichnungen:

Deutschland:	DIN EN ISO 4957	HS9-4-3-11 (1.3208)	*UNS:*		
USA:	AISI / ASTM		*China:*	GB	
Japan:	JIS		*Schweden:*	SS	2737
Frankreich:	AFNOR / NF	Z140KWCDV10.9.4.4.3	*Polen:*	PN	
England:	BS		*Spanien:*	UNE	
Italien:	UNI		*Russland:*	GOST	
Österreich:	ÖNORM		*Tschechien:*	CSN	

Richtanalyse nach DIN EN ISO 4957 (in Masse-%):

	C	Si	Mn	P	S	Cr	W	Mo	V	Co
min.	1,35	-	-	-	-	3,70	8,40	3,40	3,20	10,50
max.	1,45	0,50	0,40	0,030	0,030	4,40	9,10	3,80	3,60	11,50

Physikalische Eigenschaften bei 20 °C

Dichte ρ	Spezif. Wärmekapazität c	Wärmeleitfähigkeit λ	Elektr. Widerstand R	Elastizitätsmodul E
8,20 g/cm³	420 J/kg·K	24,0 W/m·K		240 kN/mm²

Thermische Behandlung: | Abkühlung:

Warmformgebung		
Weichglühen	850 bis 900 °C	langsam im Ofen bis ca. 700 °C, Glühhärte ca. 295 HB
Vorwärmen 1. Stufe	450 bis 500 °C	
Vorwärmen 2. Stufe	850 bis 900 °C	
Härten	1100 bis 1220 °C	
Anlassen	550 bis 570 °C	mind. 3 mal
Spannungsarmglühen	600 bis 700 °C	im Ofen bis ca. 500 °C

Härte nach üblicher Anlassbehandlung:

63 bis 69 HRC

Anlasstemperatur	Härte HRC Austenitisierungstemperatur		
	1100 °C	1150 °C	1220 °C
520 °C	67,5	68,0	69,5
540 °C	66,5	67,5	69,0
560 °C	65,0	66,0	68,0
580 °C	62,5	64,5	66,0
600 °C	60,0	61,5	64,0

Anwendungen:
Hochleistungsschneidwerkzeuge, Drehstähle, Werkzeugbits, Fräser, Werkzeuge für die Kaltarbeit, Hämmer, Reibahlen

Werkstoffdaten 1.3243 (HS6-5-2-5)

Kobalt-legierter Hochleistungsschnellarbeitsstahl (vgl. **1.3245** - HS6-5-2-5S) mit sehr hoher Härte, hoher Warmfestigkeit, hoher Zähigkeit sowie guter Schleifbarkeit zur Bearbeitung schwer spanbarer Werkstoffe

Äquivalente Normen und Bezeichnungen:

Deutschland:	DIN EN ISO 4957	HS6-5-2-5 (1.3243)	*UNS:*		T11341
USA:	AISI / ASTM	M35	*China:*	GB	W6Mo5Cr4V2Co5
Japan:	JIS	SKH55	*Schweden:*	SS	2723
Frankreich:	AFNOR / NF	Z90WDKCV06-05-05-04-02	*Polen:*	PN	SK5M
England:	BS	BM35	*Spanien:*	UNE	F.5613
Italien:	UNI	HS6-5-2-5 (1.3243)	*Russland:*	GOST	R6M5K5
Österreich:	ÖNORM		*Tschechien:*	CSN	

Richtanalyse nach DIN EN ISO 4957 (in Masse-%):

	C	Si	Mn	P	S	Cr	W	Mo	V	Co
min.	0,87	-	-	-	-	3,80	5,90	4,70	1,70	4,50
max.	0,95	0,45	0,40	0,030	0,030	4,50	6,70	5,20	2,10	5,00

Physikalische Eigenschaften bei 20 °C

Dichte ρ	Spezif. Wärmekapazität c	Wärmeleitfähigkeit λ	Elektr. Widerstand R	Elastizitätsmodul E
7,90 g/cm³	420 J/kg·K	27,4 W/m·K	0,49 Ω·mm²/m	224 kN/mm²

Thermische Behandlung:

		Abkühlung:
Warmformgebung	900 bis 1100 °C	
Weichglühen	790 bis 820 °C	langsam im Ofen bis ca. 650 °C, Glühhärte 240 bis 300 HB
Vorwärmen 1. Stufe	450 bis 600 °C	
Vorwärmen 2. Stufe	bis 850 °C	
Vorwärmen 3. Stufe	bis 1050 °C	
Härten	1200 bis 1240 °C	in Öl, Luft, Warmbad ca. 550 °C
Anlassen	550 bis 570 °C	mind. 3 mal
Spannungsarmglühen	ca. 650 °C	im Ofen

Härte nach üblicher Anlassbehandlung:
64 bis 65 HRC

Anlasstemperatur	Härte HRC
400 °C	61,0
500 °C	64,0
550 °C	65,0
600 °C	62,0
650 °C	56,0

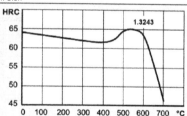

Anwendungen:

Zerspanungswerkzeuge, Spiral- und Gewindebohrer, Profilmesser, Hochleistungsfräser, Drehlinge für Automatenarbeiten, Räumwerkzeuge

Werkstoffdaten 1.3244 (HS6-5-3-8)

Kobalt-legierter Hochleistungsschnellarbeitsstahl (vgl. Böhler S590) mit hoher Warmhärte, Druckfestigkeit und Verschleißfestigkeit, guter Zähigkeit für beste Zerspanbarkeit sowie mit guter Schleifbarkeit

Äquivalente Normen und Bezeichnungen:

Deutschland:	DIN EN ISO 4957	HS6-5-3-8 (1.3244)	UNS:		
USA:	AISI / ASTM	M36	China:	GB	W6Mo5Cr4V3Co8
Japan:	JIS	SKH40, SKH56	Schweden:	SS	
Frankreich:	AFNOR / NF		Polen:	PN	
England:	BS		Spanien:	UNE	
Italien:	UNI		Russland:	GOST	
Österreich:	ÖNORM		Tschechien:	CSN	

Richtanalyse nach DIN EN ISO 4957 (in Masse-%):

	C	Si	Mn	P	S	Cr	W	Mo	V	Co
min.	1,23	-	-	-	-	3,80	5,90	4,70	2,70	8,00
max.	1,33	0,70	0,40	0,030	0,030	4,50	6,70	5,30	3,20	8,80

Physikalische Eigenschaften bei 20 °C

Dichte ρ	Spezif. Wärmekapazität c	Wärmeleitfähigkeit λ	Elektr. Widerstand R	Elastizitätsmodul E
8,05 g/cm^3	420 J/kg·K	22 W/m·K	0,61 Ω·mm^2/m	240 kN/mm^2

Thermische Behandlung: Abkühlung:

Warmformgebung	900 bis 1100 °C	
Weichglühen	870 bis 900 °C	langsam im Ofen bis ca. 700 °C, Glühhärte max. 300 HB
Vorwärmen 1. Stufe	450 bis 550 °C	
Vorwärmen 2. Stufe	850 bis 900 °C	
Vorwärmen 3. Stufe	bis 1050 °C	
Härten	1075 bis 1180 °C	in Öl, Salzbad
Anlassen	ca. 560 °C	mind. 3 mal
Spannungsarmglühen	600 bis 650 °C	langsam im Ofen bis 500 °C

Härte nach üblicher Anlassbehandlung:

63 bis 67 HRC

	Härte HRC		
Anlasstemperatur	Austenitisierungstemperatur		
	1100 °C	1150 °C	1180 °C
500 °C	66,0	67,0	67,5
520 °C	65,5	67,0	68,0
540 °C	65,0	66,0	67,5
560 °C	63,5	65,0	67,0
580 °C	62,0	63,5	65,5
600 °C	59,5	61,5	63,5

Anwendungen:

Zerspanungswerkzeuge, Spiral- und Gewindebohrer, Fräser, Profilmesser, Räumwerkzeuge, Walzen, Sägeblätter, Maschinenmesser, Stoßwerkzeuge, Präge- und Pulverpresswerkzeuge

Werkstoffdaten 1.3245 (HS6-5-2-5S)

Kobalt-legierter Hochleistungsschnellarbeitsstahl (wie **1.3243** - HS6-5-2-5, nur mit erhöhtem Schwefelgehalt) mit hoher Warmhärte und guter Verschleißfestigkeit, besonders geeignet zur Bearbeitung von Stahl

Äquivalente Normen und Bezeichnungen:

Deutschland:	DIN EN ISO 4957	HS6-5-2-5S (1.3245)	*UNS:*		T11341
USA:	AISI / ASTM	M41	*China:*	GB	
Japan:	JIS		*Schweden:*	SS	
Frankreich:	AFNOR / NF		*Polen:*	PN	
England:	BS		*Spanien:*	UNE	
Italien:	UNI		*Russland:*	GOST	
Österreich:	ÖNORM		*Tschechien:*	CSN	

Richtanalyse nach DIN EN ISO 4957 (in Masse-%):

	C	Si	Mn	P	S	Cr	W	Mo	V	Co
min.	0,88	-	-	-	0,060	3,80	6,00	4,70	1,70	4,50
max.	0,96	0,45	0,40	0,030	0,150	4,50	6,70	5,20	2,00	5,00

Physikalische Eigenschaften bei 20 °C

Dichte ρ	Spezif. Wärmekapazität c	Wärmeleitfähigkeit λ	Elektr. Widerstand R	Elastizitätsmodul E
7,90 g/cm³	420 J/kg·K	27,4 W/m·K	0,49 Ω·mm²/m	224 kN/mm²

Thermische Behandlung: Abkühlung:

Warmformgebung	900 bis 1100 °C
Weichglühen	790 bis 820 °C
Vorwärmen 1. Stufe	450 bis 600 °C
Vorwärmen 2. Stufe	bis 850 °C
Vorwärmen 3. Stufe	bis 1050 °C
Härten	1200 bis 1240 °C
Anlassen	550 bis 570 °C
Spannungsarmglühen	ca. 650 °C

Abkühlung:
- langsam im Ofen bis ca. 600 °C, Glühhärte 240 bis 300 HB
- in Öl, Luft, Warmbad ca. 550 °C
- mind. 3 mal
- langsam im Ofen

Härte nach üblicher Anlassbehandlung:

62 bis 64 HRC

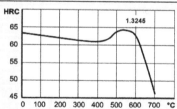

Anwendungen:
Zerspanungswerkzeuge, Spiral- und Gewindebohrer, Fräser und Sägewerkzeuge für Stahl, Profilmesser, Räumnadeln

Werkstoffdaten 1.3246 (HS7-4-2-5)

Molybdän-Kobalt-legierter Hochleistungsschnellarbeitsstahl mit hoher Warmhärte und guter Verschleiß-festigkeit

Äquivalente Normen und Bezeichnungen:

Deutschland:	DIN EN ISO 4957	HS7-4-2-5 (1.3246)	UNS:		T11341
USA:	AISI / ASTM	M41	China:	GB	W7Mo4Cr4V2Co5
Japan:	JIS		Schweden:	SS	SS7-4-2-5
Frankreich:	AFNOR / NF	Z110WKCDV07-05-04	Polen:	PN	
England:	BS		Spanien:	UNE	
Italien:	UNI	HS7-4-2-5 (1.3246)	Russland:	GOST	
Österreich:	ÖNORM		Tschechien:	CSN	

Richtanalyse nach DIN EN ISO 4957 (in Masse-%):

	C	Si	Mn	P	S	Cr	W	Mo	V	Co
min.	1,05	-	-	-	-	3,80	6,60	3,80	1,70	4,80
max.	1,15	0,45	0,40	0,030	0,030	4,50	7,10	4,00	1,90	5,20

Physikalische Eigenschaften bei 20 °C

Dichte ρ	Spezif. Wärmekapazität c	Wärmeleitfähigkeit λ	Elektr. Widerstand R	Elastizitätsmodul E
8,17 g/cm³	440 J/kg·K	22 W/m·K		200 kN/mm²

Thermische Behandlung:

		Abkühlung:
Warmformgebung	900 bis 1100 °C	
Weichglühen	770 bis 840 °C	langsam im Ofen bis ca. 600 °C, Glühhärte 240 bis 300 HB
Vorwärmen 1. Stufe	450 bis 600 °C	
Vorwärmen 2. Stufe	bis 850 °C	
Vorwärmen 3. Stufe	bis 1050 °C	
Härten	1180 bis 1220 °C	in Öl, Luft, Warmbad ca. 550 °C
Anlassen	530 bis 550 °C	mind. 3 mal
Spannungsarmglühen	ca. 650 °C	langsam im Ofen

Härte nach üblicher Anlassbehandlung:

66 bis 67 HRC

Anwendungen:
Spiralbohrer, Fräser, Reibahlen, Senker, Gewindebohrer für hochfeste Werkstoffe

Werkstoffdaten 1.3247 (HS2-10-1-8)

Hoch-Kobalt-legierter Hochleistungsschnellarbeitsstahl mit hoher Warmhärte und sehr guter Verschleißfestigkeit, hohe Schlagzähigkeit, bestens geeignet für ein- und mehrschneidige Werkzeuge

Äquivalente Normen und Bezeichnungen:

Deutschland:	DIN EN ISO 4957	HS2-10-1-8 (1.3247)	UNS:		T11342
USA:	AISI / ASTM	M42	China:	GB	
Japan:	JIS	SKH59	Schweden:	SS	2723
Frankreich:	AFNOR / NF	Z110DKWCV09-08-04-01	Polen:	PN	
England:	BS	BM42	Spanien:	UNE	
Italien:	UNI	HS2-9-1-8	Russland:	GOST	P2M10K8
Österreich:	ÖNORM		Tschechien:	CSN	

Richtanalyse nach DIN EN ISO 4957 (in Masse-%):

	C	Si	Mn	P	S	Cr	W	Mo	V	Co
min.	1,05	-	-	-	-	3,50	1,20	9,00	0,90	7,50
max.	1,15	0,70	0,40	0,030	0,030	4,50	1,90	10,00	1,30	8,50

Physikalische Eigenschaften bei 20 °C

Dichte ρ	Spezif. Wärmekapazität c	Wärmeleitfähigkeit λ	Elektr. Widerstand R	Elastizitätsmodul E
8,01 g/cm³	429 J/kg·K	20 W/m·K	0,52 Ω·mm²/m	220 kN/mm²

Thermische Behandlung: Abkühlung:

Warmformgebung	900 bis 1050 °C	
Weichglühen	770 bis 840 °C	langsam im Ofen bis ca. 600 °C, Glühhärte 240 bis 300 HB
Vorwärmen 1. Stufe	450 bis 600 °C	
Vorwärmen 2. Stufe	bis 850 °C	
Vorwärmen 3. Stufe	bis 1050 °C	
Härten	1180 bis 1220 °C	in Öl, Luft, Warmbad ca. 550 °C
Anlassen	530 bis 550 °C	mind. 3 mal
Spannungsarmglühen	ca. 650 °C	langsam im Ofen

Härte nach üblicher Anlassbehandlung:

Anlasstemperatur	Härte HRC
400 °C	61,0
500 °C	67,0
550 °C	69,0
600 °C	64,0
650 °C	53,0

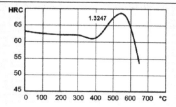

Anwendungen:
Gesenk- und Gravierfräser, Drehlinge für Automatenbearbeitung, Fließpress- und Schnittstempel

Werkstoffdaten 1.3249 (HS2-9-2-8)

Hoch-Kobalt-legierter Hochleistungsschnellarbeitsstahl mit hoher Warmhärte und sehr guter Verschleißfestigkeit, hohe Schlagzähigkeit, bestens geeignet für ein- und mehrschneidige Werkzeuge

Äquivalente Normen und Bezeichnungen:

Deutschland:	DIN EN ISO 4957	HS2-9-2-8 (1.3249)	UNS:		T11333 / T11334
USA:	AISI / ASTM	M33 / M34	China:	GB	
Japan:	JIS		Schweden:	SS	
Frankreich:	AFNOR / NF		Polen:	PN	
England:	BS	BM34	Spanien:	UNE	
Italien:	UNI		Russland:	GOST	
Österreich:	ÖNORM		Tschechien:	CSN	

Richtanalyse nach DIN EN ISO 4957 (in Masse-%):

	C	Si	Mn	P	S	Cr	W	Mo	V	Co
min.	0,85	-	-	-	-	3,50	1,50	8,00	1,80	7,75
max.	0,92	0,45	0,40	0,030	0,030	4,20	2,00	9,20	2,20	8,75

Physikalische Eigenschaften bei 20 °C

Dichte ρ	Spezif. Wärmekapazität c	Wärmeleitfähigkeit λ	Elektr. Widerstand R	Elastizitätsmodul E
7,85 g/cm^3				

Thermische Behandlung: Abkühlung:

Warmformgebung	900 bis 1100 °C	
Weichglühen	790 bis 820 °C	langsam im Ofen bis ca. 600 °C, Glühhärte 235 bis 300 HB
Vorwärmen 1. Stufe	450 bis 600 °C	
Vorwärmen 2. Stufe	bis 850 °C	
Vorwärmen 3. Stufe	bis 1050 °C	
Härten	1190 bis 1230 °C	in Öl, Luft, Warmbad ca. 550 °C
Anlassen	550 bis 570 °C	mind. 3 mal
Spannungsarmglühen	ca. 650 °C	langsam im Ofen

Härte nach üblicher Anlassbehandlung:

66 bis 68 HRC

Anwendungen:
Hochleistungsfräser, hochbeanspruchte Spiralbohrer, Schrupp- und Kaltumformwerkzeuge

Werkstoffdaten 1.3255 (HS18-1-2-5)

Hoch-Wolfram-legierter Hochleistungsschnellarbeitsstahl mit Kobalt, mit hoher Warmhärte und Anlassbeständigkeit, sehr guter Verschleißfestigkeit

Äquivalente Normen und Bezeichnungen:

Deutschland:	DIN EN ISO 4957	HS18-1-2-5 (1.3255)	UNS:		T12004
USA:	AISI / ASTM	T4	China:	GB	W18Cr4VCo5
Japan:	JIS	SKH3	Schweden:	SS	
Frankreich:	AFNOR / NF		Polen:	PN	
England:	BS		Spanien:	UNE	
Italien:	UNI		Russland:	GOST	P18M2K5
Österreich:	ÖNORM		Tschechien:	CSN	

Richtanalyse nach DIN EN ISO 4957 (in Masse-%):

	C	Si	Mn	P	S	Cr	W	Mo	V	Co
min.	0,75	-	-	-	-	3,80	17,50	0,50	1,40	4,50
max.	0,83	0,45	0,40	0,030	0,030	4,50	18,50	0,80	1,70	5,00

Physikalische Eigenschaften bei 20 °C

Dichte ρ	Spezif. Wärmekapazität c	Wärmeleitfähigkeit λ	Elektr. Widerstand R	Elastizitätsmodul E
8,70 g/cm³	460 J/kg·K	19 W/m·K	0,65 Ω·mm²/m	217 kN/mm²

Thermische Behandlung:

		Abkühlung:
Warmformgebung	900 bis 1150 °C	
Weichglühen	820 bis 850 °C	langsam im Ofen bis ca. 600 °C, Glühhärte 240 bis 300 HB
Vorwärmen 1. Stufe	450 bis 600 °C	
Vorwärmen 2. Stufe	bis 850 °C	
Vorwärmen 3. Stufe	bis 1050 °C	
Härten	1260 bis 1300 °C	in Öl, Luft, Warmbad ca. 550 °C
Anlassen	550 bis 570 °C	mind. 3 mal
Spannungsarmglühen	ca. 650 °C	langsam im Ofen

Härte nach üblicher Anlassbehandlung:

64 bis 65 HRC

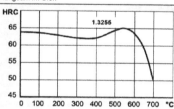

Anwendungen:
Bohrer, Fräser, Gewindeschneidwerkzeuge, Rändelwerkzeuge, Drehmeißel, Hobel- und Stoßmesser, Kaltpresswerkzeuge

Werkstoffdaten 1.3257 (HS18-1-2-15)

Hoch-Kobalt- und Wolfram-legierter Hochleistungsschnellarbeitsstahl, mit hoher Warmhärte und Anlass-beständigkeit sowie sehr guter Verschleißfestigkeit

Äquivalente Normen und Bezeichnungen:

Deutschland:	DIN EN ISO 4957	HS18-1-2-15 (1.3257)	UNS:	
USA:	AISI / ASTM	T6	China:	GB
Japan:	JIS		Schweden:	SS
Frankreich:	AFNOR / NF		Polen:	PN
England:	BS		Spanien:	UNE
Italien:	UNI		Russland:	GOST
Österreich:	ÖNORM		Tschechien:	CSN

Richtanalyse nach DIN EN ISO 4957 (in Masse-%):

	C	Si	Mn	P	S	Cr	W	Mo	V	Co
min.	0,60	-	-	-	-	3,80	17,50	0,50	1,40	15,00
max.	0,70	0,45	0,40	0,030	0,030	4,50	18,50	1,00	1,70	16,00

Physikalische Eigenschaften bei 20 °C

Dichte ρ	Spezif. Wärmekapazität c	Wärmeleitfähigkeit λ	Elektr. Widerstand R	Elastizitätsmodul E
8,89 g/cm³				

Thermische Behandlung:
Abkühlung:

Warmformgebung	900 bis 1150 °C	
Weichglühen	820 bis 850 °C	langsam im Ofen bis ca. 600 °C, Glühhärte 240 bis 300 HB
Vorwärmen 1. Stufe	450 bis 600 °C	
Vorwärmen 2. Stufe	bis 850 °C	
Vorwärmen 3. Stufe	bis 1050 °C	
Härten	1260 bis 1300 °C	in Öl, Luft, Warmbad ca. 550 °C
Anlassen	550 bis 580 °C	mind. 3 mal
Spannungsarmglühen	ca. 650 °C	langsam im Ofen

Härte nach üblicher Anlassbehandlung:

60 bis 65 HRC

Anwendungen:
Drehstähle, Hobel- und Stoßmesser bester Leistung auch für schwerste Arbeiten, Brecheisen, Meißel, Hämmer, Räumwerkzeuge, Reibahlen, Gewindewerkzeuge, Spiralbohrer

Werkstoffdaten 1.3265 (HS18-1-2-10)

Hoch-Kobalt- und Wolfram-legierter Hochleistungsschnellarbeitsstahl, mit hoher Warmhärte und Anlassbeständigkeit sowie guter Zähigkeit, hoher Abriebfestigkeit und guter Schnittleistung

Äquivalente Normen und Bezeichnungen:

Deutschland:	DIN EN ISO 4957	HS18-1-2-10 (1.3265)	UNS:		T12005
USA:	AISI / ASTM	T5	China:	GB	W18Cr4V2Co8
Japan:	JIS	SKH4	Schweden:	SS	
Frankreich:	AFNOR / NF		Polen:	PN	
England:	BS	BT5	Spanien:	UNE	
Italien:	UNI		Russland:	GOST	
Österreich:	ÖNORM		Tschechien:	CSN	

Richtanalyse nach DIN EN ISO 4957 (in Masse-%):

	C	Si	Mn	P	S	Cr	W	Mo	V	Co
min.	0,72	-	-	-	-	3,80	17,50	0,50	1,40	9,00
max.	0,80	0,45	0,40	0,030	0,030	4,50	18,50	0,80	1,70	10,00

Physikalische Eigenschaften bei 20 °C

Dichte ρ	Spezif. Wärmekapazität c	Wärmeleitfähigkeit λ	Elektr. Widerstand R	Elastizitätsmodul E
8,75 g/cm^3		34 W/m·K		200 kN/mm^2

Thermische Behandlung: Abkühlung:

Warmformgebung	900 bis 1150 °C	
Weichglühen	820 bis 850 °C	langsam im Ofen bis ca. 600 °C, Glühhärte 240 bis 300 HB
Vorwärmen 1. Stufe	450 bis 600 °C	
Vorwärmen 2. Stufe	bis 850 °C	
Vorwärmen 3. Stufe	bis 1050 °C	
Härten	1260 bis 1300 °C	in Öl, Luft, Warmbad ca. 550 °C
Anlassen	550 bis 580 °C	mind. 3 mal
Spannungsarmglühen	ca. 650 °C	langsam im Ofen

Härte nach üblicher Anlassbehandlung:
63 bis 66 HRC

Anlasstemperatur	Härte HRC
400 °C	62,5
500 °C	64,8
550 °C	66,0
600 °C	64,0
650 °C	60,0

Anwendungen:
Dreh- und Hobelmesser, Fräser bester Warmhärte für Stähle, Stahlguss, Grauguss, NE-Metalle, Stanz- und Schneidwerkzeuge, Räumnadeln, Bohrer, Extrusionsstempel

Werkstoffdaten 1.3302 (HS12-1-4)

Hochleistungsschnellarbeitsstahl, Wolfram-legiert, ohne Kobalt, mit bester Verschleißbeständigkeit und guter Zähigkeit.

Äquivalente Normen und Bezeichnungen:

Deutschland:	DIN EN ISO 4957	HS12-1-4 (1.3302)		UNS:		
USA:	AISI / ASTM	T-15, no Co		China:	GB	
Japan:	JIS			Schweden:	SS	
Frankreich:	AFNOR / NF	Z130WV13-4		Polen:	PN	SW12
England:	BS			Spanien:	UNE	
Italien:	UNI			Russland:	GOST	P12M4
Österreich:	ÖNORM			Tschechien:	CSN	19810

Richtanalyse nach DIN EN ISO 4957 (in Masse-%):

	C	Si	Mn	P	S	Cr	W	Mo	V	Co
min.	1,20	-	-	-	-	3,80	11,50	0,70	3,50	-
max.	1,35	0,45	0,40	0,030	0,030	4,50	12,50	1,00	4,00	-

Physikalische Eigenschaften bei 20 °C

Dichte ρ	Spezif. Wärmekapazität c	Wärmeleitfähigkeit λ	Elektr. Widerstand R	Elastizitätsmodul E
8,40 g/cm³				

Thermische Behandlung:

		Abkühlung:
Warmformgebung	900 bis 1100 °C	
Weichglühen	780 bis 810 °C	langsam im Ofen bis ca. 600 °C, Glühhärte 240 bis 300 HB
Vorwärmen 1. Stufe	450 bis 600 °C	
Vorwärmen 2. Stufe	bis 850 °C	
Vorwärmen 3. Stufe	bis 1050 °C	
Härten	1220 bis 1260 °C	in Öl, Luft, Warmbad ca. 550 °C
Anlassen	560 bis 580 °C	mind. 2 mal
Spannungsarmglühen	ca. 650 °C	langsam im Ofen

Härte nach üblicher Anlassbehandlung:

64 bis 66 HRC

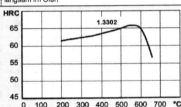

Anwendungen:
Spezialwerkzeuge mit höchstem Verschleißwiderstand, Dreh- und Einstechstähle, Fräser, Reibahlen, Schneidräder

Werkstoffdaten 1.3318 (HS12-1-2)

Hochleistungsschnellarbeitsstahl, Wolfram-legiert, ohne Kobalt, mit bester Verschleißbeständigkeit und guter Zähigkeit.

Äquivalente Normen und Bezeichnungen:

Deutschland:	DIN EN ISO 4957	HS12-1-2 (1.3318)	UNS:		
USA:	AISI / ASTM		China:	GB	
Japan:	JIS		Schweden:	SS	
Frankreich:	AFNOR / NF		Polen:	PN	
England:	BS		Spanien:	UNE	
Italien:	UNI		Russland:	GOST	P12M2
Österreich:	ÖNORM		Tschechien:	CSN	

Richtanalyse nach DIN EN ISO 4957 (in Masse-%):

	C	Si	Mn	P	S	Cr	W	Mo	V	Co
min.	0,90	-	-	-	-	3,80	11,50	0,70	2,30	-
max.	1,00	0,45	0,40	0,030	0,030	4,50	12,50	1,00	2,60	-

Physikalische Eigenschaften bei 20 °C

Dichte ρ	Spezif. Wärmekapazität c	Wärmeleitfähigkeit λ	Elektr. Widerstand R	Elastizitätsmodul E
8,30 g/cm³				217 kN/mm²

Thermische Behandlung:

		Abkühlung:
Warmformgebung	900 bis 1100 °C	
Weichglühen	780 bis 810 °C	langsam im Ofen bis ca. 600 °C, Glühhärte 225 bis 280 HB
Vorwärmen 1. Stufe	450 bis 600 °C	
Vorwärmen 2. Stufe	bis 850 °C	
Vorwärmen 3. Stufe	bis 1050 °C	
Härten	1230 bis 1270 °C	in Öl, Luft, Warmbad ca. 550 °C
Anlassen	550 bis 570 °C	mind. 2 mal
Spannungsarmglühen	ca. 650 °C	langsam im Ofen

Härte nach üblicher Anlassbehandlung:

63 bis 65 HRC

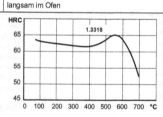

Anwendungen:

Schrupp-, Hobel- und Stoßmesser, Drehstähle, Fräser für Arbeiten an harten Werkstoffen, Maschinenreibahlen, Spiralbohrer

Werkstoffdaten 1.3325 (HS0-4-1)

Niedriglegierter Schnellarbeitsstahl ohne Wolfram und ohne Kobalt (Spar-HSS, ähnlich Werkzeugstahl 1.2369 – 80MoCrV42-16), geeignet zum Nitrieren und Oberflächenbeschichten

Äquivalente Normen und Bezeichnungen:

Deutschland:	DIN EN ISO 4957	HS0-4-1 (1.3325)		UNS:		T11350
USA:	AISI / ASTM	M50		China:	GB	
Japan:	JIS			Schweden:	SS	
Frankreich:	AFNOR / NF	Y80DCV.42.16		Polen:	PN	
England:	BS			Spanien:	UNE	
Italien:	UNI			Russland:	GOST	
Österreich:	ÖNORM			Tschechien:	CSN	

Richtanalyse nach DIN EN ISO 4957 (in Masse-%):

	C	Si	Mn	P	S	Cr	W	Mo	V	Co
min.	0,77	-	-	-	-	3,90	-	4,00	0,90	-
max.	0,85	0,65	0,40	0,030	0,030	4,40	-	4,50	1,10	-

Physikalische Eigenschaften bei 20 °C

Dichte ρ	Spezif. Wärmekapazität c	Wärmeleitfähigkeit λ	Elektr. Widerstand R	Elastitzitätsmodul E
7,80 g/cm³				

Thermische Behandlung:

		Abkühlung:
Warmformgebung	850 bis 1050 °C	
Weichglühen	850 bis 900 °C	langsam im Ofen bis ca. 700 °C, Glühhärte ca. 225 bis 250 HB
Vorwärmen 1. Stufe	450 bis 500 °C	
Vorwärmen 2. Stufe	850 bis 900 °C	
Vorwärmen 3. Stufe		
Härten	1080 bis 1120 °C	in Öl, Luft, Warmbad ca. 550 °C
Anlassen	550 bis 570 °C	mind. 2 mal
Spannungsarmglühen	600 bis 700 °C	langsam im Ofen

Härte nach üblicher Anlassbehandlung:

58 bis 62 HRC

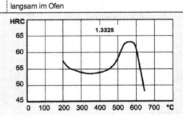

Anwendungen:
Spiralbohrer für Heimwerker, Ringe, Rollen, Matrizen, Stempelkerne, Schneid- und Extrusionswerkzeuge

Werkstoffdaten 1.3326 (HS1-4-1)

Niedriglegierter Schnellarbeitsstahl ohne Kobalt (der klassische „Spar-HSS"), mit hoher Zähigkeit und gutem Verschleiß-widerstand, mit hoher Schleifbarkeit und guter Warmhärte

Äquivalente Normen und Bezeichnungen:

Deutschland:	DIN EN ISO 4957	HS1-4-2 (1.3326)	UNS:		T11350
USA:	AISI / ASTM	M52	China:	GB	
Japan:	JIS		Schweden:	SS	SS14
Frankreich:	AFNOR / NF		Polen:	PN	
England:	BS		Spanien:	UNE	
Italien:	UNI		Russland:	GOST	
Österreich:	ÖNORM		Tschechien:	CSN	

Richtanalyse nach DIN EN ISO 4957 (in Masse-%):

	C	Si	Mn	P	S	Cr	W	Mo	V	Co
min.	0,85	-	-	-	-	3,60	0,80	4,10	1,70	-
max.	0,95	0,65	0,40	0,030	0,030	4,30	1,40	4,80	2,20	-

Physikalische Eigenschaften bei 20 °C

Dichte ρ	Spezif. Wärmekapazität c	Wärmeleitfähigkeit λ	Elektr. Widerstand R	Elastitzitätsmodul E
7,90 g/cm³	460 J/kg·K	19 W/m·K		217 kN/mm²

Thermische Behandlung: / Abkühlung:

Warmformgebung	850 bis 1050 °C	
Weichglühen	750 bis 790 °C	langsam im Ofen bis ca. 700 °C, Glühhärte max. 255 HB
Vorwärmen 1. Stufe		
Vorwärmen 2. Stufe		
Vorwärmen 3. Stufe		
Härten	1080 bis 1100 °C	in Öl, Luft, Warmbad ca. 550 °C
Anlassen	550 bis 580 °C	mind. 2 mal
Spannungsarmglühen	ca. 650 °C	langsam im Ofen

Härte nach üblicher Anlassbehandlung:

58 bis 63 HRC

Anwendungen:
Spiralbohrer und Gewindebohrer mit günstigem Preis-Leistungs-Verhältnis

Werkstoffdaten 1.3333 (HS3-3-2)

„Wirtschaftlicher" Schnellarbeitsstahl für mittlere Lebensdauern von Werkzeugen mit guten Zähigkeitseigenschaften, die Stößen ausgesetzt sind.

Äquivalente Normen und Bezeichnungen:

Deutschland:	DIN EN ISO 4957	HS3-3-2 (1.3333)	UNS:		
USA:	AISI / ASTM		China:	GB	W3Mo3Cr4V2
Japan:	JIS		Schweden:	SS	
Frankreich:	AFNOR / NF		Polen:	PN	
England:	BS	HS3-3-2	Spanien:	UNE	HS3-3-4
Italien:	UNI		Russland:	GOST	11R3AM3F2
Österreich:	ÖNORM		Tschechien:	CSN	

Richtanalyse nach DIN EN ISO 4957 (in Masse-%):

	C	Si	Mn	P	S	Cr	W	Mo	V	Co
min.	0,95	-	-	-	-	3,80	2,70	2,50	2,20	-
max.	1,03	0,45	0,40	0,030	0,030	4,50	3,00	2,90	2,50	-

Physikalische Eigenschaften bei 20 °C

Dichte ρ	Spezif. Wärmekapazität c	Wärmeleitfähigkeit λ	Elektr. Widerstand R	Elastizitätsmodul E
8,00 g/cm³	460 J/kg·K	20 W/m·K	0,65 Ω·mm²/m	210 kN/mm²

Thermische Behandlung: Abkühlung:

Warmformgebung	900 bis 1150 °C	
Weichglühen	760 bis 820 °C	langsam im Ofen bis ca. 700 °C, Glühhärte max. 255 HB
Vorwärmen 1. Stufe	450 bis 600 °C	
Vorwärmen 2. Stufe	bis 850 °C	
Vorwärmen 3. Stufe	bis 1050 °C	
Härten	1180 bis 1220 °C	in Öl, Luft, Warmbad ca. 550 °C
Anlassen	520 bis 570 °C	mind. 2 mal
Spannungsarmglühen	ca. 650 °C	langsam im Ofen

Härte nach üblicher Anlassbehandlung:

62 HRC

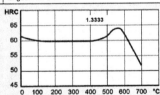

Anwendungen:

Metallsägen, Spiralbohrer, Fräser, Reibahlen, Hobelmesser, Messer für Holzbearbeitung und ähnliche Werkzeuge

Werkstoffdaten 1.3339 (HS6-5-2)

Idealer Schnellarbeitsstahl für Schneid- und Kaltarbeitswerkzeuge (am häufigsten eingesetzt, vgl. auch 1.3340 – HS6-5-2CS, 1.3341 – HS6-5-2S, 1.3342 – HS6-5-2C und 1.3343 – HS6-5-2C)

Äquivalente Normen und Bezeichnungen:

Deutschland:	DIN EN ISO 4957	HS6-5-2 (1.3339)	UNS:		
USA:	AISI / ASTM	M2	China:	GB	W6Mo5Cr4V2
Japan:	JIS	SKH51	Schweden:	SS	2722
Frankreich:	AFNOR / NF	Z85WDCV06-05-04-02	Polen:	PN	SW7N
England:	BS	BM2	Spanien:	UNE	HS3-3-4
Italien:	UNI	HS6-5-2 (1.3339)	Russland:	GOST	R6M5
Österreich:	ÖNORM	S600	Tschechien:	CSN	19830

Richtanalyse nach DIN EN ISO 4957 (in Masse-%):

	C	Si	Mn	P	S	Cr	W	Mo	V	Co
min.	0,80	-	-	-	-	3,80	5,90	4,70	1,70	-
max.	0,88	0,45	0,40	0,030	0,030	4,50	6,70	5,20	2,10	-

Physikalische Eigenschaften bei 20 °C

Dichte ρ	Spezif. Wärmekapazität c	Wärmeleitfähigkeit λ	Elektr. Widerstand R	Elastitzitätsmodul E
8,10 g/cm³	460 J/kg·K	19 W/m·K	0,54 Ω·mm²/m	217 kN/mm²

Thermische Behandlung: Abkühlung:

Warmformgebung	900 bis 1100 °C	
Weichglühen	770 bis 860 °C	langsam im Ofen bis ca. 600 °C, Glühhärte max. 280 HB
Vorwärmen 1. Stufe	ca. 400 °C	
Vorwärmen 2. Stufe	bis 850 °C	
Vorwärmen 3. Stufe	bis 1050 °C	
Härten	1190 bis 1230 °C	in Öl, Luft, Warmbad (500 bis 550 °C)
Anlassen	520 bis 600 °C	mind. 2 mal
Spannungsarmglühen	600 bis 650 °C	langsam im Ofen

Härte nach üblicher Anlassbehandlung:
62 bis 66 HRC

Anlasstemperatur	Härte HRC
400 °C	62,0
500 °C	65,0
550 °C	66,0
600 °C	60,0
650 °C	53,0

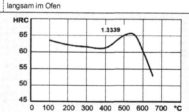

Anwendungen:
Fräser, Spiral- und Gewindebohrer, Räumwerkzeuge, Kaltarbeitswerkzeuge

Werkstoffdaten 1.3340 (HS6-5-2CS)

Schnellarbeitsstahl für Schneid- und Kaltarbeitswerkzeuge mit erhöhtem Kohlenstoff- und Schwefelgehalt
(vgl. auch: 1.3339 – HS6-5-2, 1.3341 – HS6-5-2S, 1.3342 – HS6-5-2C und 1.3343 – HS6-5-2C)

Äquivalente Normen und Bezeichnungen:

Deutschland:	DIN EN ISO 4957	HS6-5-2CS (1.3340)	*UNS:*		
USA:	AISI / ASTM		*China:*	GB	
Japan:	JIS		*Schweden:*	SS	
Frankreich:	AFNOR / NF		*Polen:*	PN	
England:	BS		*Spanien:*	UNE	
Italien:	UNI		*Russland:*	GOST	
Österreich:	ÖNORM		*Tschechien:*	CSN	

Richtanalyse nach DIN EN ISO 4957 (in Masse-%):

	C	Si	Mn	P	S	Cr	W	Mo	V	Co
min.	0,95	-	-	-	0,060	3,80	6,00	4,70	1,70	-
max.	1,05	0,45	0,40	0,030	0,150	4,50	6,70	5,20	2,00	-

Physikalische Eigenschaften bei 20 °C

Dichte ρ	Spezif. Wärmekapazität c	Wärmeleitfähigkeit λ	Elektr. Widerstand R	Elastitzitätsmodul E
8,07 g/cm³	433 J/kg·K	21 W/m·K		219 kN/mm²

Thermische Behandlung:

		Abkühlung:
Warmformgebung	900 bis 1050 °C	
Weichglühen	770 bis 820 °C	langsam im Ofen bis ca. 600 °C, Glühhärte 240 bis 300 HB
Vorwärmen 1. Stufe	450 bis 600 °C	
Vorwärmen 2. Stufe	bis 850 °C	
Vorwärmen 3. Stufe	bis 1050 °C	
Härten	1180 bis 1200 °C	in Öl, Luft, Warmbad (500 bis 550 °C)
Anlassen	540 bis 560 °C	mind. 2 mal
Spannungsarmglühen	600 bis 650 °C	langsam im Ofen

Härte nach üblicher Anlassbehandlung:
62 bis 65 HRC

Anlasstemperatur	Härte HRC
400 °C	62,0
500 °C	65,0
550 °C	64,0
600 °C	63,0

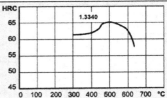

Anwendungen:
Hochleistungsfräser, Spiralbohrer, Schneid- und Stoßwerkzeuge mit hoher Härte, Brecheisen, Meißel,
Hämmer

Werkstoffdaten 1.3341 (HS6-5-2S)

Schnellarbeitsstahl für Schneid- und Kaltarbeitswerkzeuge mit erhöhtem Schwefelgehalt (vgl. auch: 1.3339 – HS6-5-2, 1.3340 – HS6-5-2CS, 1.3342 – HS6-5-2C und 1.3343 – HS6-5-2C)

Äquivalente Normen und Bezeichnungen:

Deutschland:	DIN EN ISO 4957	HS6-5-2S (1.3341)	UNS:	
USA:	AISI / ASTM	M2	China:	GB
Japan:	JIS		Schweden:	SS
Frankreich:	AFNOR / NF		Polen:	PN
England:	BS		Spanien:	UNE
Italien:	UNI		Russland:	GOST
Österreich:	ÖNORM		Tschechien:	CSN

Richtanalyse nach DIN EN ISO 4957 (in Masse-%):

	C	Si	Mn	P	S	Cr	W	Mo	V	Co
min.	0,86	-	-	-	0,060	3,80	6,00	4,70	1,70	-
max.	0,94	0,45	0,40	0,030	0,150	4,50	6,70	5,20	2,00	-

Physikalische Eigenschaften bei 20 °C

Dichte ρ	Spezif. Wärmekapazität c	Wärmeleitfähigkeit λ	Elektr. Widerstand R	Elastitzitätsmodul E
8,10 g/cm³				

Thermische Behandlung: Abkühlung:

Warmformgebung	900 bis 1100 °C	
Weichglühen	790 bis 820 °C	langsam im Ofen bis ca. 600 °C, Glühhärte 240 bis 300 HB
Vorwärmen 1. Stufe	450 bis 600 °C	
Vorwärmen 2. Stufe	bis 850 °C	
Vorwärmen 3. Stufe	bis 1050 °C	
Härten	1190 bis 1230 °C	in Öl, Luft, Warmbad (500 bis 550 °C)
Anlassen	550 bis 570 °C	mind. 2 mal
Spannungsarmglühen	600 bis 650 °C	langsam im Ofen

Härte nach üblicher Anlassbehandlung:

62 bis 64 HRC

Anwendungen:

Fräser, Sägen und Sägesegmente für Stahl, Gusseisen und NE-Metalle mit leichter bis mittlerer Beanspruchung, Messer

Werkstoffdaten 1.3342 (HS6-5-2C)

Schnellarbeitsstahl für Schneid- und Stoßwerkzeuge mit erhöhtem Kohlenstoffgehalt (vgl. auch: 1.3339 –
HS6-5-2, 1.3340 – HS6-5-2CS, 1.3341 – HS6-5-2S und 1.3343 – HS6-5-2C)

Äquivalente Normen und Bezeichnungen:

Deutschland:	DIN EN ISO 4957	HS6-5-2C (1.3342)	UNS:		T11302
USA:	AISI / ASTM	M2, extra high C	China:	GB	W6Mo5Cr4V2
Japan:	JIS	SKH51	Schweden:	SS	
Frankreich:	AFNOR / NF		Polen:	PN	
England:	BS		Spanien:	UNE	
Italien:	UNI		Russland:	GOST	
Österreich:	ÖNORM		Tschechien:	CSN	

Richtanalyse nach DIN EN ISO 4957 (in Masse-%):

	C	Si	Mn	P	S	Cr	W	Mo	V	Co
min.	0,95	-	-	-	-	3,80	6,00	4,70	1,70	-
max.	1,05	0,45	0,40	0,030	0,030	4,50	6,70	5,20	2,00	-

Physikalische Eigenschaften bei 20 °C

Dichte ρ	Spezif. Wärmekapazität c	Wärmeleitfähigkeit λ	Elektr. Widerstand R	Elastizitätsmodul E
8,20 g/cm³				

Thermische Behandlung: Abkühlung:

Warmformgebung	900 bis 1050 °C	
Weichglühen	770 bis 820 °C	langsam im Ofen bis ca. 600 °C, Glühhärte 240 bis 300 HB
Vorwärmen 1. Stufe	450 bis 600 °C	
Vorwärmen 2. Stufe	bis 850 °C	
Vorwärmen 3. Stufe	bis 1050 °C	
Härten	1180 bis 1220 °C	in Öl, Luft, Warmbad (500 bis 550 °C)
Anlassen	540 bis 560 °C	mind. 2 mal
Spannungsarmglühen	600 bis 650 °C	langsam im Ofen

Härte nach üblicher Anlassbehandlung:

62 bis 65 HRC

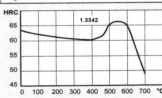

Anwendungen:

Hochleistungsfräser, Spiralbohrer, Schneid- und Stoßwerkzeuge, Kaltarbeitswerkzeuge (Anwendungen
wie bei 1.3343)

Werkstoffdaten 1.3343 (HS6-5-2C)

Schnellarbeitsstahl mit erhöhtem Kohlenstoffgehalt, mit sehr hoher Verschleißfestigkeit bei guter Zähigkeit
(vgl. auch: 1.3339 – HS6-5-2, 1.3340 – HS6-5-2CS, 1.3341 – HS6-5-2S und 1.3342 – HS6-5-2C)

Äquivalente Normen und Bezeichnungen:

Deutschland:	DIN EN ISO 4957	HS6-5-2C (1.3343)	UNS:		T11302
USA:	AISI / ASTM	M2, reg. C	China:	GB	W6Mo5Cr4V2
Japan:	JIS	SKH51	Schweden:	SS	2722
Frankreich:	AFNOR / NF	Z85WDCV6	Polen:	PN	
England:	BS	BM2	Spanien:	UNE	F.5604
Italien:	UNI		Russland:	GOST	R6M5
Österreich:	ÖNORM		Tschechien:	CSN	

Richtanalyse nach DIN EN ISO 4957 (in Masse-%):

	C	Si	Mn	P	S	Cr	W	Mo	V	Co
min.	0,86	-	-	-	-	3,80	5,90	4,70	1,70	-
max.	0,94	0,45	0,40	0,030	0,030	4,50	6,70	5,20	2,10	-

Physikalische Eigenschaften bei 20 °C

Dichte ρ	Spezif. Wärmekapazität c	Wärmeleitfähigkeit λ	Elektr. Widerstand R	Elastizitätsmodul E
8,12 g/cm³		27,6 W/m·K	0,524 Ω·mm²/m	224 kN/mm²

Thermische Behandlung: Abkühlung:

Warmformgebung	900 bis 11000 °C	
Weichglühen	790 bis 820 °C	langsam im Ofen bis ca. 600 °C, Glühhärte max. 269 HB
Vorwärmen 1. Stufe	450 bis 600 °C	
Vorwärmen 2. Stufe	bis 850 °C	
Vorwärmen 3. Stufe	bis 1050 °C	
Härten	1200 bis 1220 °C	in Öl, Luft, Warmbad (500 bis 550 °C)
Anlassen	550 bis 570 °C	mind. 2 mal
Spannungsarmglühen	600 bis 650 °C	langsam im Ofen

Härte nach üblicher Anlassbehandlung:

64 bis 66 HRC

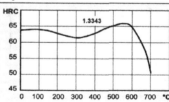

Anwendungen:

Standardwerkstoff für Fräser, Spiralbohrer, Schneid- und Stoßwerkzeuge, Reibahlen, Dreh-, Hobel- und
Zahnradstoßmesser, Segmente für Kreissägen, Kaltarbeitswerkzeuge (Anwendungen wie bei 1.3342)

Werkstoffdaten 1.3344 (HS6-5-3)

Schnellarbeitsstahl in der Grundzusammensetzung wie 1.3343 – HS6-5-2C, jedoch mit höherem Vanadium-
und Kohlenstoff-Gehalt, dadurch höchster Verschleißwiderstand bei guter Zähigkeit

Äquivalente Normen und Bezeichnungen:

Deutschland:	DIN EN ISO 4957	HS6-5-3 (1.3344)	UNS:		T11313, T11323
USA:	AISI / ASTM	M3	China:	GB	W6Mo5Cr4V3
Japan:	JIS	SKH53, SKH52	Schweden:	SS	
Frankreich:	AFNOR / NF		Polen:	PN	
England:	BS		Spanien:	UNE	
Italien:	UNI		Russland:	GOST	R6M5F3
Österreich:	ÖNORM		Tschechien:	CSN	

Richtanalyse nach DIN EN ISO 4957 (in Masse-%):

	C	Si	Mn	P	S	Cr	W	Mo	V	Co
min.	1,15	-	-	-	-	3,80	5,90	4,70	2,70	-
max.	1,25	0,45	0,40	0,030	0,030	4,50	6,70	5,20	3,20	-

Physikalische Eigenschaften bei 20 °C

Dichte ρ	Spezif. Wärmekapazität c	Wärmeleitfähigkeit λ	Elektr. Widerstand R	Elastizitätsmodul E
8,10 g/cm³	460 J/kg·K	19 W/m·K		217 kN/mm²

Thermische Behandlung: Abkühlung:

Warmformgebung	900 bis 11000 °C	
Weichglühen	770 bis 820 °C	langsam im Ofen bis ca. 600 °C, Glühhärte max. 269 HB
Vorwärmen 1. Stufe	450 bis 600 °C	
Vorwärmen 2. Stufe	bis 850 °C	
Vorwärmen 3. Stufe	bis 1050 °C	
Härten	1190 bis 1210 °C	in Öl, Luft, Warmbad (500 bis 550 °C)
Anlassen	550 bis 570 °C	mind. 2 mal
Spannungsarmglühen	600 bis 650 °C	langsam im Ofen

Härte nach üblicher Anlassbehandlung:

64 bis 66 HRC

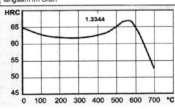

Anwendungen:

Hochleistungsfräser, hochbeanspruchte Reibahlen, Räumnadeln mit höchstem Abriebwiderstand, bester
Schnitthaltigkeit und Zähigkeit, Lochstempel

Werkstoffdaten 1.3345 (HS6-5-3C)

Schnellarbeitsstahl in der Grundzusammensetzung wie 1.3344 – HS6-5-3, jedoch mit höherem Kohlenstoff-Gehalt (vorwiegend pulvermetallurgisch erzeugt), gute Warmhärte und Verschleißfestigkeit

Äquivalente Normen und Bezeichnungen:

Deutschland:	DIN EN ISO 4957	HS6-5-3C (1.3345)	UNS:	
USA:	AISI / ASTM	M2, reg. C	China:	GB
Japan:	JIS		Schweden:	SS
Frankreich:	AFNOR / NF		Polen:	PN
England:	BS		Spanien:	UNE
Italien:	UNI		Russland:	GOST
Österreich:	ÖNORM		Tschechien:	CSN

Richtanalyse nach DIN EN ISO 4957 (in Masse-%):

	C	Si	Mn	P	S	Cr	W	Mo	V	Co
min.	1,25	-	-	-	-	3,80	5,90	4,70	2,70	-
max.	1,32	0,45	0,40	0,030	0,030	4,50	6,70	5,20	3,20	-

Physikalische Eigenschaften bei 20 °C

Dichte ρ	Spezif. Wärmekapazität c	Wärmeleitfähigkeit λ	Elektr. Widerstand R	Elastitzitätsmodul E
8,00 g/cm³	420 J/kg·K	24 W/m·K	0,54 Ω·mm²/m	230 kN/mm²

Thermische Behandlung: Abkühlung:

Warmformgebung	900 bis 11000 °C	
Weichglühen	870 bis 900 °C	langsam im Ofen bis ca. 600 °C, Glühhärte max. 280 HB
Vorwärmen 1. Stufe	450 bis 550 °C	
Vorwärmen 2. Stufe	850 bis 900 °C	
Vorwärmen 3. Stufe	bis 1050 °C	
Härten	1050 bis 1180 °C	in Öl, Luft, Warmbad (500 bis 550 °C)
Anlassen	540 bis 560 °C	mind. 2 mal
Spannungsarmglühen	600 bis 650 °C	langsam im Ofen

Härte nach üblicher Anlassbehandlung:

62 bis 66 HRC

Anwendungen:

Werkzeuge zum Kaltumformen, Prägen, Pulverpressen, Schneid- und Stanzwerkzeuge, Maschinenmesser, Räumwerkzeuge, Spiralbohrer, Walzen, Verschleißteile

Werkstoffdaten 1.3346 (HS2-9-1)

Schnellarbeitsstahl auf Molybdänbasis mit hoher Zähigkeit, hohem Verschleißwiderstand, guter Warmhärte und guter Schleifbarkeit (vergleiche 1.3348 – HS2-9-2)

Äquivalente Normen und Bezeichnungen:

Deutschland:	DIN EN ISO 4957	HS2-9-1 (1.3346)	UNS:		T20841, T11301
USA:	AISI / ASTM	M1, H41	China:	GB	
Japan:	JIS		Schweden:	SS	
Frankreich:	AFNOR / NF		Polen:	PN	
England:	BS		Spanien:	UNE	
Italien:	UNI		Russland:	GOST	
Österreich:	ÖNORM		Tschechien:	CSN	

Richtanalyse nach DIN EN ISO 4957 (in Masse-%):

	C	Si	Mn	P	S	Cr	W	Mo	V	Co
min.	0,78	-	-	-	-	3,50	1,50	8,00	1,00	-
max.	0,86	0,45	0,40	0,030	0,030	4,20	2,00	9,20	1,30	-

Physikalische Eigenschaften bei 20 °C

Dichte ρ	Spezif. Wärmekapazität c	Wärmeleitfähigkeit λ	Elektr. Widerstand R	Elastitzitätsmodul E
8,00 g/cm³	460 J/kg·K	19 W/m·K		217 kN/mm²

Thermische Behandlung: Abkühlung:

Warmformgebung	900 bis 11000 °C	
Weichglühen	790 bis 820 °C	langsam im Ofen bis ca. 600 °C, Glühhärte 225 bis 280 HB
Vorwärmen 1. Stufe	450 bis 600 °C	
Vorwärmen 2. Stufe	bis 850 °C	
Vorwärmen 3. Stufe	bis 1050 °C	
Härten	1080 bis 1220 °C	in Öl, Luft, Warmbad (500 bis 550 °C)
Anlassen	530 bis 550 °C	mind. 2 mal
Spannungsarmglühen	ca. 650 °C	langsam im Ofen

Härte nach üblicher Anlassbehandlung:

62 bis 64 HRC

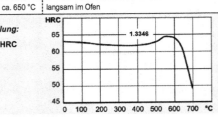

Anwendungen:

Spiralbohrer, Gewindeschneidwerkzeuge, Reibahlen, Stoßmesser, Abstechstähle, Fräser, Stempel für Kalteinsenken und Kaltfließpressen, Kaltwalzen, Kreuzschlitzstempel für Schraubenfertigung

Werkstoffdaten 1.3348 (HS2-9-2)

Molybdän-legierter Schnellarbeitsstahl mit guter Härtbarkeit, guter Warmhärte und Zähigkeit, sehr verschleißfest (ähnlich wie 1.3346 – HS2-9-1)

Äquivalente Normen und Bezeichnungen:

Deutschland:	DIN EN ISO 4957	HS2-9-2 (1.3348)	UNS:		T11307
USA:	AISI / ASTM	M7	China:	GB	W2Mo9Cr4V2
Japan:	JIS	SKH58	Schweden:	SS	
Frankreich:	AFNOR / NF	Z100DCWV09-04-02-02	Polen:	PN	
England:	BS		Spanien:	UNE	
Italien:	UNI	HS2-9-2	Russland:	GOST	
Österreich:	ÖNORM		Tschechien:	CSN	

Richtanalyse nach DIN EN ISO 4957 (in Masse-%):

	C	Si	Mn	P	S	Cr	W	Mo	V	Co
min.	0,95	-	-	-	-	3,50	1,50	8,20	1,70	-
max.	1,05	0,70	0,40	0,030	0,030	4,50	2,10	9,20	2,20	-

Physikalische Eigenschaften bei 20 °C

Dichte ρ	Spezif. Wärmekapazität c	Wärmeleitfähigkeit λ	Elektr. Widerstand R	Elastizitätsmodul E
8,30 g/cm³	460 J/kg·K	19 W/m·K	0,54 Ω·mm²/m	217 kN/mm²

Thermische Behandlung:

		Abkühlung:
Warmformgebung	900 bis 1100 °C	
Weichglühen	780 bis 880 °C	langsam im Ofen bis ca. 600 °C, Glühhärte max. 269 HB
Vorwärmen 1. Stufe	450 bis 600 °C	
Vorwärmen 2. Stufe	bis 850 °C	
Vorwärmen 3. Stufe	bis 1050 °C	
Härten	1180 bis 1220 °C	in Öl, Luft, Warmbad (500 bis 550 °C)
Anlassen	540 bis 570 °C	3 mal
Spannungsarmglühen	ca. 650 °C	langsam im Ofen

Härte nach üblicher Anlassbehandlung:

62 bis 66 HRC

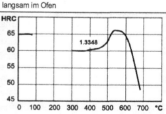

Anwendungen:

Fräser, Spiralbohrer, Gewindebohrer, Reibahlen, Zähne und Segmente für Kreissägen, Schneidräder

Werkstoffdaten 1.3350 (HS6-6-2)

Wolfram-legierter Schnellarbeitsstahl

Äquivalente Normen und Bezeichnungen:

Deutschland:	DIN EN ISO 4957	HS6-6-2 (1.3350)	UNS:		T11313
USA:	AISI / ASTM	M 3-1	China:	GB	
Japan:	JIS	SKH52	Schweden:	SS	
Frankreich:	AFNOR / NF		Polen:	PN	
England:	BS		Spanien:	UNE	
Italien:	UNI		Russland:	GOST	
Österreich:	ÖNORM		Tschechien:	CSN	

Richtanalyse nach DIN EN ISO 4957 (in Masse-%):

	C	Si	Mn	P	S	Cr	W	Mo	V	Co
min.	1,00	-	-	-	-	3,80	5,90	5,50	2,30	-
max.	1,10	0,45	0,40	0,030	0,030	4,50	6,70	6,50	2,60	-

Physikalische Eigenschaften bei 20 °C

Dichte ρ	Spezif. Wärmekapazität c	Wärmeleitfähigkeit λ	Elektr. Widerstand R	Elastizitätsmodul E
			0,31 $\Omega \cdot mm^2/m$	

Thermische Behandlung: Abkühlung:

Warmformgebung	950 bis 1150 °C	
Weichglühen	800 bis 880 °C	langsam im Ofen bis ca. 600 °C, Glühhärte max. 262 HB
Vorwärmen 1. Stufe	500 bis 600 °C	
Vorwärmen 2. Stufe	bis 850 °C	
Vorwärmen 3. Stufe	bis 1050 °C	
Härten	1160 bis 1200 °C	in Öl, Luft, Warmbad (500 bis 550 °C)
Anlassen	540 bis 570 °C	3 mal
Spannungsarmglühen	600 bis 650 °C	langsam im Ofen

Härte nach üblicher Anlassbehandlung:
63 bis 69 HRC

Anlasstemperatur	Härte HRC
500 °C	67,0
550 °C	69,0
600 °C	63,0

Anwendungen:
komplexe Hochpräzisionsschneidwerkzeuge, Schaber, Rollenschneider, Messer, Bohrer

Werkstoffdaten 1.3351 (HS6-5-4)

Der zähe Schnellarbeitsstahl („Der Einfache") mit gutem Verschleißwiderstand, guter Schnitthaltigkeit und Druckfestigkeit für anspruchsvolle Zerspanung und Kaltumformung

Äquivalente Normen und Bezeichnungen:

Deutschland:	DIN EN ISO 4957	HS6-5-4 (1.3351)	UNS:		T11304
USA:	AISI / ASTM	M4	China:	GB	
Japan:	JIS	SKH54	Schweden:	SS	
Frankreich:	AFNOR / NF		Polen:	PN	
England:	BS		Spanien:	UNE	
Italien:	UNI		Russland:	GOST	
Österreich:	ÖNORM		Tschechien:	CSN	

Richtanalyse nach DIN EN ISO 4957 (in Masse-%):

	C	Si	Mn	P	S	Cr	W	Mo	V	Co
min.	1,25	-	-	-	-	3,80	5,20	4,20	3,70	-
max.	1,40	0,45	0,40	0,030	0,030	4,50	6,00	5,00	4,20	-

Physikalische Eigenschaften bei 20 °C

Dichte ρ	Spezif. Wärmekapazität c	Wärmeleitfähigkeit λ	Elektr. Widerstand R	Elastitzitätsmodul E
8,10 g/cm³	460 J/kg·K	19 W/m·K		217 kN/mm²

Thermische Behandlung:

		Abkühlung:
Warmformgebung	950 bis 1150 °C	
Weichglühen	800 bis 880 °C	langsam im Ofen bis ca. 600 °C, Glühhärte max. 269 HB
Vorwärmen 1. Stufe	500 bis 600 °C	
Vorwärmen 2. Stufe	bis 850 °C	
Vorwärmen 3. Stufe	bis 1050 °C	
Härten	1200 bis 1220 °C	in Öl (ca. 560 °C)
Anlassen	540 bis 570 °C	
Spannungsarmglühen	600 bis 650 °C	langsam im Ofen

Härte nach üblicher Anlassbehandlung:

$\geq$ 64 HRC

Anwendungen:

Kaltumformen, Prägen, Sägeblätter, Sonderschneidwerkzeuge, Maschinenmesser, Pulverpressen, Fräser, Verschleißteile, Räumwerkzeuge, Walzen, Stanzen, Schneiden

Werkstoffdaten 1.3355 (HS18-0-1)

Hochleistungs-Schnellarbeitsstahl mit hohem Anteil an Wolfram, mit hoher Zähigkeit besonders gut geeignet für Bohr- und Fräswerkzeuge

Äquivalente Normen und Bezeichnungen:

Deutschland:	DIN EN ISO 4957	HS18-0-1 (1.3355)		UNS:		T12001
USA:	AISI / ASTM	T1		China:	GB	
Japan:	JIS	SKH52		Schweden:	SS	2750
Frankreich:	AFNOR / NF	Z80WCV18-04-01		Polen:	PN	
England:	BS	BT1		Spanien:	UNE	F.5520
Italien:	UNI			Russland:	GOST	R18
Österreich:	ÖNORM			Tschechien:	CSN	

Richtanalyse nach DIN EN ISO 4957 (in Masse-%):

	C	Si	Mn	P	S	Cr	W	Mo	V	Co
min.	0,73	-	-	-	-	3,80	17,20	-	1,00	-
max.	0,83	0,45	0,40	0,030	0,030	4,50	18,70	-	1,20	-

Physikalische Eigenschaften bei 20 °C

Dichte ρ	Spezif. Wärmekapazität c	Wärmeleitfähigkeit λ	Elektr. Widerstand R	Elastizitätsmodul E
8,70 g/cm^3	460 J/kg·K	19 W/m·K	0,50 Ω·mm^2/m	217 kN/mm^2

Thermische Behandlung: Abkühlung:

Warmformgebung	900 bis 1150 °C	
Weichglühen	820 bis 850 °C	langsam im Ofen bis ca. 600 °C, Glühhärte max. 269 HB
Vorwärmen 1. Stufe	450 bis 600 °C	
Vorwärmen 2. Stufe	bis 850 °C	
Vorwärmen 3. Stufe	bis 1050 °C	
Härten	1250 bis 1270 °C	in Öl (ca. 560 °C)
Anlassen	550 bis 570 °C	
Spannungsarmglühen	ca. 650 °C	langsam im Ofen

Härte nach üblicher Anlassbehandlung:
64 bis 65 HRC

Anlasstemperatur	Härte HRC
500 °C	65,0
550 °C	65,0
600 °C	63,0
650 °C	58,0

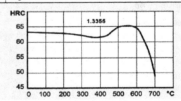

Anwendungen:
Spiralbohrer, Gewindeschneidwerkzeuge, Fräser, Feilenhauermeißel und ähnliche zähe Werkzeuge

Werkstoffdaten 1.3392 (HS1-5-2)

Niedrig legierter Schnellarbeitsstahl

Äquivalente Normen und Bezeichnungen:

Deutschland:	DIN EN ISO 4957	HS1-5-2 (1.3392)	UNS:		T11352
USA:	AISI / ASTM	M52	China:	GB	
Japan:	JIS		Schweden:	SS	
Frankreich:	AFNOR / NF		Polen:	PN	
England:	BS		Spanien:	UNE	
Italien:	UNI		Russland:	GOST	
Österreich:	ÖNORM		Tschechien:	CSN	

Richtanalyse nach DIN EN ISO 4957 (in Masse-%):

	C	Si	Mn	P	S	Cr	W	Mo	V	Co
min.	0,75	-	-	-	-	4,10	0,50	4,50	1,60	-
max.	0,85	1,00	0,40	0,030	0,030	5,00	1,10	5,00	2,20	-

Physikalische Eigenschaften bei 20 °C

Dichte ρ	Spezif. Wärmekapazität c	Wärmeleitfähigkeit λ	Elektr. Widerstand R	Elastizitätsmodul E
7,90 g/cm³	460 J/kg·K	31 W/m·K		190 kN/mm²

Thermische Behandlung: Abkühlung:

Warmformgebung	900 bis 1100 °C	
Weichglühen	820 bis 860 °C	langsam im Ofen bis ca. 600 °C, Glühhärte max. 270 HB
Vorwärmen 1. Stufe	450 bis 600 °C	
Vorwärmen 2. Stufe	bis 850 °C	
Vorwärmen 3. Stufe	bis 1050 °C	
Härten	1160 bis 1200 °C	in Öl, Luft bis ca. 560 °C
Anlassen	530 bis 560 °C	
Spannungsarmglühen	ca. 650 °C	langsam im Ofen

Härte nach üblicher Anlassbehandlung:

62 bis 65 HRC

Anlasstemperatur	Härte HRC Austenitisierungstemperatur		
	1150 °C	1180 °C	1200 °C
520 °C	63,5	64,2	64,2
540 °C	63,7	64,5	65,0
560 °C	63,0	64,0	64,5
580 °C	61,5	62,5	63,2
600 °C	59,8	61,0	61,5

Anwendungen:

Spiralbohrer, Schneidwerkzeuge, Räumnadeln, Stirnfräser, Gewindebohrer, Werkzeuge für Kaltarbeit

Was Sie aus diesem *essential* mitnehmen können

- Interessantes aus der Entstehungsgeschichte der Schnellarbeitsstähle im Kontext mit der Entwicklung der Fertigungstechnik
- Erläuterungen zu den in der Praxis genutzten Schnellarbeitsstählen, strukturiert nach Sorten, chemischen Zusammensetzungen, Gefügen und Eigenschaften
- Kurzbeschreibung der Herstellung, Wärme- und Oberflächenbehandlungen
- Hinweise zu Anwendungen von Schnellarbeitsstählen
- Überblick zu Werkstoffdaten für ausgewählte Schnellarbeitsstähle

Literatur

Bierwerth, W. (2019). *Tabellenbuch Chemietechnik*. Europa-Lehrmittel.
Ernst, C. (2009). *150 Jahre Werkzeugstahl: Ein Werkstoff mit Zukunft. Prozess- und legierungstechnische Entwicklung bei der (Werkzeug)Stahlerzeugung*. Zeitschrift Ferrum: Nachrichten aus der Eisenbibliothek, Stiftung der Georg Fischer AG, 81, 66–76.
Fritz, A. H. (2015). *Fertigungstechnik* (11. Aufl.). Springer Vieweg.
Heymann, T. (2007). *Querschnittsreduzierung schwer umformbarer Drahtwerkstoffe mittels Warmziehen*. Vortrag zur MEFORM, TU Bergakademie Freiberg.
Hülle, F. W. (1909). *Schnellstahl und Schnellbetrieb im Werkzeugmaschinenbau*. Springer.
König, W., & Klocke, F. (2008). *Fertigungsverfahren 1: Drehen, Fräsen, Bohren* (8. Aufl.). Springer.
Kuchling, H. (2011). *Taschenbuch der Physik*. Hanser.
Neck, C. P., & Bedeian, A. G. (1996). *Frederick W. Taylor, J. Maunsell White III und der Matthew-Effekt: Der Rest der Geschichte* (Bd. 2(2), S. 20–25). Zeitschrift für Managementgeschichte, MCB Universitätsverlag.
Schlegel, J. (2021). *Die Welt des Stahls*. Springer.
Spur, G. (1991). *Vom Wandel der industriellen Welt durch Werkzeugmaschinen*. Hanser.
Spur, G. (1979). *Produktionstechnik im Wandel*. Hanser.
Trent, E. M., & Wright, P. K. (2000). *Metal cutting* (4. Aufl.). Butterworth-Heinemann.
Wegst, C., & Wegst, M. (2019). *Stahlschlüssel-Taschenbuch*. Stahlschlüssel Wegst GmbH.
Weißgerber, W. (2018). *Elektrotechnik für Ingenieure 2*. Springer Vieweg.
https://de.wikipedia.org/wiki/Werkzeugstahl. Zugegriffen: 7. Dez. 2021.

Printed in the United States
by Baker & Taylor Publisher Services